煤 矿 地 质 测 量 图 例

中华人民共和国能源部　制定

应 急 管 理 出 版 社

·北　京·

图书在版编目（CIP）数据

煤矿地质测量图例/中华人民共和国能源部制定 . --
北京：应急管理出版社，2024
ISBN 978 - 7 - 5237 - 0503 - 2

Ⅰ.①煤… Ⅱ.①中… Ⅲ.①煤田地质—地质调查—
中国—图集 Ⅳ.①P618.110.8 - 64

中国国家版本馆 CIP 数据核字（2024）第 067896 号

煤矿地质测量图例

制　　定	中华人民共和国能源部
责任编辑	成联君
责任校对	赵　盼
封面设计	于春颖

出版发行	应急管理出版社（北京市朝阳区芍药居 35 号　100029）
电　　话	010 - 84657898（总编室）　010 - 84657880（读者服务部）
网　　址	www. cciph. com. cn
印　　刷	中国电影出版社印刷厂
经　　销	全国新华书店

开　　本	787mm×1092mm$^1/_{16}$　**印张**　9$^1/_2$　**字数**　219 千字
版　　次	2024 年 4 月第 1 版　2024 年 4 月第 1 次印刷
社内编号	20240318　　　　　　**定价**　75.00 元

关于印发《煤矿地质测量图例》的通知

能源煤总〔1989〕第 26 号

现将修编的《煤矿地质测量图例》印发给你们，请遵照执行。本图例从 1989 年 7 月 1 日开始执行。原煤炭工业部 1977 年印发的《煤矿测量图例》及有关的补充规定即行废止。

本图例颁发前已绘制的非完整图幅的尚未完成部分，可仍按原图例绘制。

在执行中，如本图例不能满足要求，确需增加新符号时，可自行制定、补充，报经省一级的煤炭工业管理部门审查批准后执行，并报部备案。

中华人民共和国能源部

说　　明

　　本图例是在 1977 年煤炭工业部修订的《煤矿测量图例》基础上，结合新中国成立以来煤矿生产发展和地质测量绘图工艺不断革新的需要，并参照 1986 年煤炭工业部地质局编制的《煤田地质标准图例》有关部分修编而成的。

　　一、修编原则

　　1. 本着简明、直观、通用和绘制工艺简单等原则，对有关图例作了增补、删减和合并。

　　2. 尽可能同类合并，以便于使用。如地质图和测量图中的有关边界符号，归纳为边界线一类；钻探工程、水文地质勘探工程、山地工程等归纳为地质勘探类。

　　3. 本图例不包括地形部分。凡属地形部分，一律按国家测绘总局颁发的现行图式规范执行。

　　4. 本图例尽可能给绘图单位以较大的灵活性。考虑到全国情况差异较大，有些符号的尺寸要求，允许在规定的范围内适当放宽，个别符号允许有多种画法存在。

　　二、符号和注记的说明

　　1. 各种符号的大小应符合规范的要求。但在符号密集时，符号尺寸可适当缩小或省略次要符号。符号上下重叠时，可用共线绘制。

　　2. 线条粗细以国家测绘总局的"点线符号标准表"为准。符号中未标明尺寸的，粗线为 0.3mm；细线为 0.15mm；点的直径为 0.25mm；虚线的线划长 4mm，线间隔为 2mm。

　　3. 在井田范围内的井筒及钻孔的标高一律用红色注记。井下标高及井下测点编号均用黑色注记。

　　4. 注记要求：点状物体（如竖井井筒、钻孔注记高程及井下控制点高程等）采用水平或垂直字列、字头朝图幅上方，字隔采用密集排列（间隔 0—0.5mm）；线状物和面状物（如地质构造、巷道、回采工作面等）的名称用雁行字列，字隔视线状物的长度而定，特长线状物应分段重复注记。

　　5. 指北针一般画在图的右上角，图签位置应放在图的右下角。

目　　录

一　井下测量控制点

编号	符号 名称	比例尺 	1:500 和 1:1000	1:2000	1:5000	说　　　明
1	经纬仪导线点					
	永久		同右	A ◎ 398.0 1.5 0.8	不表示	点号注在巷道内，底板高程（有轨道的以轨面为准）原则上注在点的右边。陀螺导线点用颜色表示
	临时			B ○ 142.0 1		
2	罗 盘 导 线 点			• 380.0 0.3		
3	巷道底板高程			• 256.1 0.5		指两个控制点间加测的特征点、变坡点底板高程
4	水 准 基 点			C ⊕ 170.690 ⊥ 1.5		"丁、⊥、ʅ"符号分别表示在"顶、底、帮"的位置

编号	符号 名称	比例尺	1：500 和 1：1000	1：2000	1：5000	说　　　明
5	竖　　井		按实际比例参照 1：2000 的符号 绘制			红色箭头表示进风，蓝色 箭头表示出风。符号右边注明 用途，如提升、通风等。符号 左上方为井口高程，左下方为 井底高程
	圆　　形			一号井 156.36 15.73 ◎ 3　提升 4	一号井 156.36 15.73 ◎ 2　提升 3	
	矩　　形			一号井 124.17 -60.20 ▱ 3　通风 4	124.17 -60.20 ▱ 2　通风 3	
6	暗　竖　井					
	圆　　形			五号井 -45.37 -130.24 ◎ 3　提升 4	-45.37 -130.24 ◎ 2　提升 3	
	矩　　形			五号井 107.15 39.46 ▱ 3　提升 4	107.15 39.46 ▱ 2　提升 3	

编号	符号名称	比例尺 1:500 和 1:1000	1:2000	1:5000	说　　明
7	暗小竖井 圆形 矩形	按实际比例参照 1:2000 符号绘制	六暗井 35.20 ◷ 通风 −13.70 ⌷ 3 七暗井 −26.70 ⌷ 2 通风 −112.50 ⌷ 3	六暗井 35.20 ◷ 通风 −13.70 ⌷ 2 七暗井 −26.70 ⌷ 1 通风 −112.50 ⌷ 2	井下溜煤、通风、储煤仓等小竖井均按此符号绘制，右边注明用途；左上是井口高程，左下是井底高程
8	斜　　井		九号井 4　2.5 85.23 ⌷ 1 提升 1 19° 十号井 −120.50 ⌷ 提升 19°	九号井 85.23 ⌷ 提升 19° 十号井 −120.50 ⌷ 提升 19°	左侧注井口高程，右侧注用途 暗斜井绞车硐室依实测绘制

编号	符号名称	1:500 和 1:1000	1:2000	1:5000	说　明
9	斜煤仓 圆形 矩形	按实际比例参照 1:2000 符号绘制	3 80.0 ⊘ 5.2 ┆┃55° 36.2 ◸┄2 −27.5 ┃55°	不表示 不表示	左上注仓口高程，左下注仓底高程，虚线表示有人行道
10	平　硐		二号平硐 193.17 ◣┄2 3	二号平硐 193.17 ◣┄1.2 2	
11	报废井筒		⊘ ◪ ╫ ◤	⊘ ◪ ╪ ✕	包括古井
12	生产小窑		⚒┄2.5	⚒┄1.5	

编号	符号 名称 比例尺	1:500 和 1:1000	1:2000	1:5000	说　　　明
13	废弃小窑		⤬ ⋯2.5	⤬ ⋯1.5	

（二） 巷道

编号	符号名称	比例尺 1:500 和 1:1000	1:2000	1:5000	说明
14	岩　　巷	按实际宽度绘制	2 ———— 0.3	———— 0.5	当巷道宽度＞4m 时按实际宽度绘制，半煤岩巷按煤巷绘制。若岩石超过断面 4/5 时，按岩巷绘制
15	煤　　巷		———— 0.3	———— 0.5	若煤层倾角＜45°，应加绘立面投影图，此时在平面图上井巷工程可视情况用单线绘制
16	倾 斜 巷 道		4.5 1.5 1.5 4°	不　表　示	回采工作面煤层倾角的箭头符号用此规格
17	厚煤层人工分层	按实际宽度绘制	———— 一分层　　—·—·—· 二分层　　— — — 三分层	不　表　示	可选择不同颜色用实线表示分层，注记颜色亦同
18	水　　仓	按实际宽度绘制	▓▓▓▓▓	不　表　示	内涂浅绿色

编号	符号 名称	比例尺 1:500 和 1:1000	1:2000	1:5000	说　　　明
19	水　闸　门	全门 ⋯1.5 7 半门 7	4 4	不表示	符号由宽到窄为水流方向，内涂绿色
20	水　闸　墙	1 3	1 2	不表示	符号内涂绿色

编号	符号 名称	比例尺 1:500 和 1:1000	1:2000	1:5000
21	井底车场、水仓、硐室	按实际比例参照 1:2000 的符号绘制		

（三） 回采工作面

编号	符号名称 \ 比例尺	1:500 和 1:1000	1:2000	1:5000	说　　明	
22	采空区边界颜色				年度尾数	
					1	6
					2	7
					3	8
					4	9
					5	0

编号	符号 名称	比例尺	1:500　　　1:1000　　　1:2000	说　　明
23	单一煤层		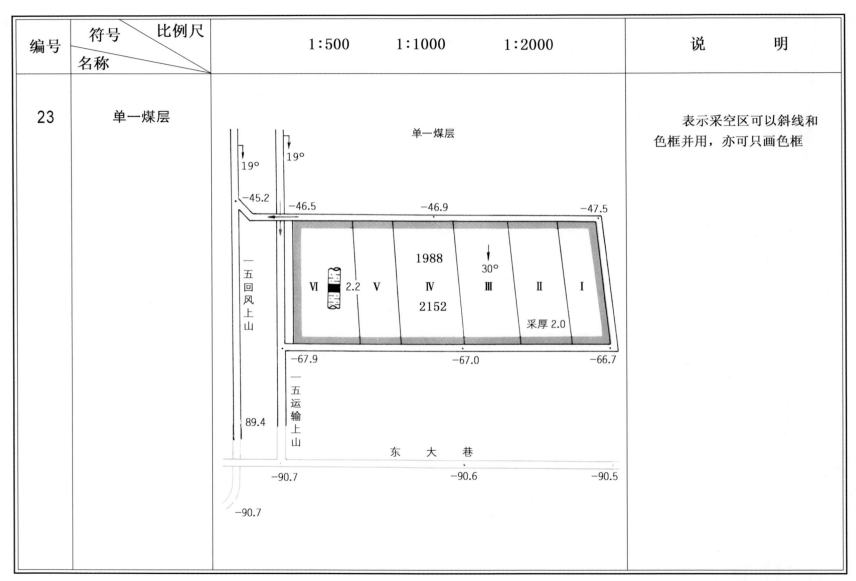	表示采空区可以斜线和 色框并用，亦可只画色框

编号	符号 名称	比例尺	1:500　　　　1:1000　　　　1:2000	说　　　明
24	厚煤层人工分层		厚 煤 层 人 工 分 层	

-15.2　二水平东翼集中运输巷

-8.0　　　　　　　　　　　　　-8.4　　　　　　　　-8.8

回风上山

VIII　　8 4　　2152　　X　　XI　　XII
　　　IX　　1982　　　　25°

三分层 采厚 2.5

一分层
采厚 3.2

二分层
采厚 2.2

-3.1　　　　　　　　　　-2.1　　　　　　　　　-2.2

编号	符号 名称	比例尺	1:500　　　　1:1000　　　　1:2000	说　　明
25	急倾斜倒台阶		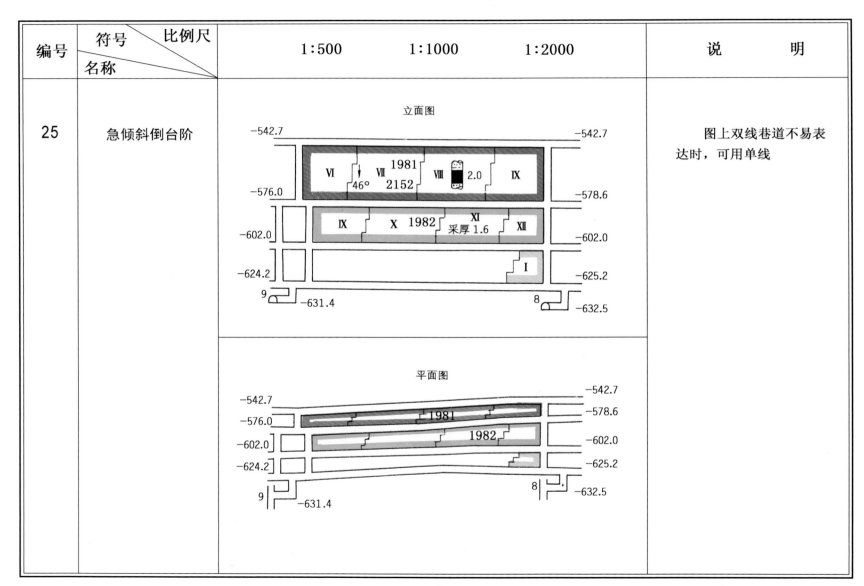	图上双线巷道不易表达时，可用单线

编号	符号 名称	比例尺	1:500　　　　1:1000　　　　1:2000	说　　明
26	急倾斜倾斜分层		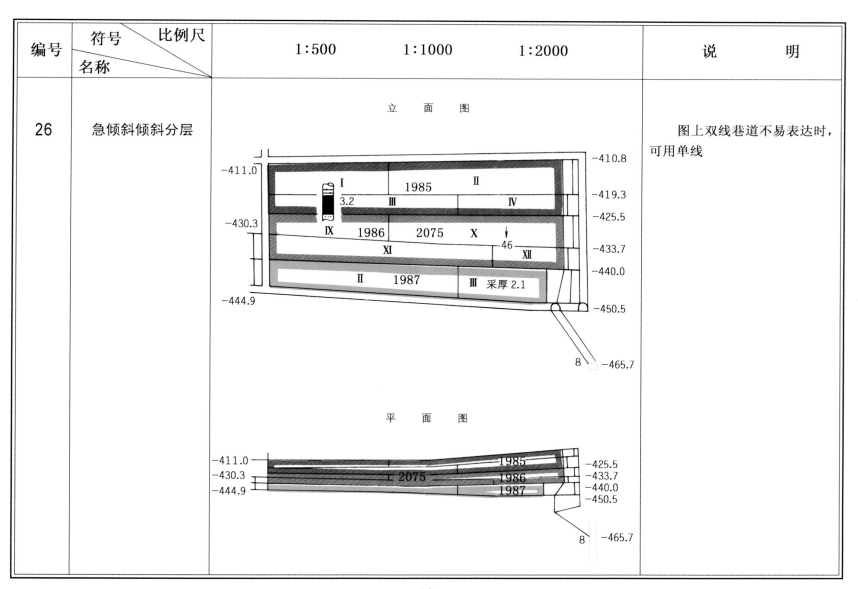 立　面　图 平　面　图	图上双线巷道不易表达时，可用单线

（四）巷 道 支 护

编号	符号 名称 比例尺	1:500 和 1:1000	1:2000	1:5000	说　　明
27	木支架巷道	按 1:2000 的 符号绘制	————0.2 ————0.2	不表示	支架形式只在专用的支护图上应用
28	锚 喷 巷 道			不表示	
29	裸 体 巷 道			不表示	
30	金属、混凝土 及其它装配式 支架巷道		0.2 0.2 :3:	不表示	
31	混凝土、料石 等砌碹的巷道		0.2 0.2	不表示	井筒断面图和井底车场图上的混凝土结构用浅绿色，料石结构用浅黄色

（五）通风

编号	符号 名称	比例尺 1:500 和 1:1000	1:2000	1:5000	说明
32	风流 进风 回风		5 5	不表示 不表示	本通风符号只在通风图上表示
33	永久风门	按实际比例用 1:2000 的符号绘制	1 1	不表示	
34	临时风门		1	不表示	
35	风 桥		10	不表示	箭头用红（进风）、蓝（回风）色
36	永久密闭墙		2	不表示	涂绿色

编号	符号名称	比例尺 1:500 和 1:1000　1:2000	1:5000	说　　明
37	井下测风站	⊣⊢ 6		符号用红色
38	瓦斯突出或喷出地点	3 ⊙瓦 $\dfrac{1500\ t}{1976.2.7}$		分子为突出量（以突出的煤量计算），分母为突出时间
39	瓦斯抽放站	1 ⊕瓦 3		
40	隔爆水棚	2 3		符号内用蓝线表示
41	井下冒顶区	2 1 （冒）		
42	煤层自然发火区与发火点	3 ⊗ 0.4 $\dfrac{1954.2.1}{1955.3.2}$		实线表示实测部分，虚线表示推测部分，圆圈内"火"表示发火点，分子为发火时间，分母为处理好的时间

编号	符号名称	1:500 和 1:1000	1:2000	1:5000	说　　明
43	煤层发热区		150 ℃　0.4		用实线表示实测的，虚线表示推测的；内注发热温度
44	防火密闭墙		3		
45	非 常 仓 库		4		

三　边界

编号	符号 名称	比例尺 符号	说　明
46	煤 田 边 界	40　5　40　1.2 1.2	
47	矿 区 边 界	40　9　40　1.2 2　4	
48	勘探区边界	40　6　40　1.2 4	
49	井 田 边 界	40　9　40　1.2 5	指一矿多井或一矿一井 和露天矿坑的人为边界
50	采 区 边 界	10　5　10　1.2 3	
51	可 采 边 界	40　2　40　0.25 3	

编号	符号名称 比例尺	符 号	说 明
52	煤厚为零点边界	30　1.5　30　0.15	
53	平衡表外储量边界	4　1　0.3　10	45° 短斜线三条一组，画在表外储量区
54	煤矿占地边界	50　1　50　0.3	煤矿占地包括露天排土场
55	保安煤柱和地面受保护边界	0.3	注明煤柱名称，批准机关及文号

编号	名　称	代号	颜　色	编号	名　称	代号	颜　色
56	新生界	K_Z		62	第三系	R	
57	中生界	M_Z		63	白垩系	K	
58	古生界	P_Z		64	侏罗系	J	
59	元古界	P_t		65	三叠系	T	
60	太古界	A_r		66	三叠系	P	
61	第四系	Q		67	石炭系	C	

编号	名　称	代　号	颜　色	编号	名　称	代　号	颜　色
68	泥盆系	D		73	全新统	$Q_4(Q_h)$	
69	志留系	S		74	上更新统	Q_3	
70	奥陶系	O		75	中更新统	Q_2 更新统 Q_p	
71	寒武系	Є		76	下更新统	Q_1	
72	震旦系	Z		77	上新统	N_2 上第三系 N	
				78	中新统	N_1	

统与系的颜色同，色标由浅变深

编号	名 称	代号	颜 色	编号	名 称	代号	颜 色
79	渐新统	E_3		85	中侏罗统	J_2	
80	始新统	E_2	下第三系 E	86	下侏罗统	J_1	
81	古新统	E_1		87	上三叠统	T_3	
82	上白垩统	K_2		88	中三叠统	T_2	
83	下白垩统	K_1		89	下三叠统	T_1	
84	上侏罗统	J_3		90	上二叠统	P_2	

编号	名　称	代号	颜　　色	编号	名　称	代号	颜　　色
91	下二叠统	P_1		97	下泥盆统	D_1	
92	上石炭统	C_3		98	上志留统	S_3	
93	中石炭统	C_2		99	中志留统	S_2	
94	下石炭统	C_1		100	下志留统	S_1	
95	上泥盆统	D_3		101	上奥陶统	O_3	
96	中泥盆统	D_2		102	中奥陶统	O_2	

编号	名　　称	代号	颜　　色	编号	名　　称	代　　号
103	下奥陶统	O_1		109	凤山阶	$\in_{3f}$ ⎫
104	上寒武统	$\in_3$		110	长山阶	$\in_{3ch}$ ⎬ 上寒武统
105	中寒武统	$\in_2$		111	崮山阶	$\in_{3g}$ ⎭
106	下寒武统	$\in_1$		112	张夏阶	$\in_{2zh}$ ⎫ 中寒武统
107	上震旦统	Z_2		113	徐庄阶	$\in_{2x}$ ⎭
108	下震旦统	Z_1		114	龙王庙阶	$\in_{1l}$ ⎫

说明：阶的代号是在统的后面加阶名汉语拼音头一个正体小写字母，如同一统内阶名第一个字母重复时，则年代比较老的阶用一个字母，较新的阶在头一个字母之后再加最近的一个正体小写字母

编号	名　称	代　号	编号	名　称	代　号
115	沧 浪 铺 阶	$\left.\begin{array}{l}\epsilon_1 c \\ \epsilon_1 q\end{array}\right\}$ 下寒武统	117	侏罗系中统和上统的邻接部分	J_{2-3}
116	筇 竹 寺 阶		118	二叠系上统和下统的总和	P_{1+2}
			119	上寒武统或下奥陶统	ϵ_3/O_1
			120	表示有疑问　寒武系中统	$\epsilon_2?$

（三） 地层产状及接触关系

编号	名　称	符　号	说　明
121	地 层 产 状		横线表示地层走向，垂线表示地层的倾向，垂线的顶端注明实测倾角
122	直 立 地 层 产 状		箭头方向表示岩层顶面
123	水 平 地 层 产 状		
124	倒 转 地 层 产 状		箭头方向表示岩层顶面方向
125	片 理 走 向 及 倾 向		
126	节 理 走 向 及 倾 向	(1) (2)	(1) 煤层 (2) 岩层

编号	名　　称	符　　号	说　　明
127	实测整合地层界线	——————— 0.15	用于地形地质图、水平地质切面图、地质剖面图
127	推测整合地层界线	┈ ─ ─ ─ ─ — 0.15 3 1	用于地形地质图、水平地质切面图
129	实测假整合地层界线	(1) ━ ━ ━ ━ ━·┊· ✕ 0.5 1 2 (2) ━ ━ ━ ·┊· ━ 0.15 1 3	(1) 用于地形地质图、水平地质切面图 (2) 用于地质剖面图
130	推测假整合地层界线	1 2 ┈┈ ─ ─ ─ ─ 6	
131	实测不整合地层界线	0.3 (1) ·············· ✕ 0.5 (2) ∿∿∿∿∿ 0.15	(1) 用于地质地形图、水平地质切面图 (2) 用于地质剖面图
132	推测不整合地层界线	6 1 ┈ ····· — ····· ✕ 0.5	

编号	名　　称	符　　号	说　　明
133	基岩露头线		
134	层 位 连 线		用于煤岩层对比图

编号	名　称	符　号	说　明
135	动 物 化 石		
136	植 物 化 石		
137	植 物 根		
138	植 物 碎 片		
139	生 物 屑		
140	虫 迹		

编号	名　　称	符　　号	说　　明
141	礁	$\mathcal{Z}$	
142	藻	$\bigcirc$	

（二） 沉积岩

编号	名 称	符 号	说 明
143	覆 盖 土		主要指表土、壤土、积土层、淤泥
144	黄 土		主要指风成黄土
145	粘 土		含结核的粘土在符号内加画"〇"
146	砂质粘土		
147	填 筑 土		
148	冰川泥砾		

编号	名　　称	符　　号	说　　明
149	泥　　炭		
150	砾　　石		不规则均匀排列
151	砂　　砾		
152	角　　砾		
153	砂　　姜		指黄土中的钙质结核，如赋存于某岩层，可绘在该层中
154	细　　砾		

编号	名　　　称	符　　号	说　　　明
155	粗　　砂		黑点直径 0.6 mm
156	中　　砂		
157	细　　砂		
158	粉　　砂		

编号	名　称	符　号	说　明
159	粗角砾岩		单体符号相同，平行交错规则排列
160	中角砾岩		两个三角一组，平行交错规则排列
161	细角砾岩		三个三角一组，平行交错规则排列
162	砂质角砾岩		
163	泥质角砾岩		
164	凝灰角砾岩		

编号	名　　称	符　　号	说　　明
165	巨　砾　岩		
166	粗　砾　岩		
167	中　砾　岩		
168	细　砾　岩		
169	砂　质　砾　岩		
170	粉　砂　质　砾　岩		

编号	名 称	符 号	说 明
171	泥质砾岩		
172	凝灰质砾岩		
173	石英砾岩		
174	含砾砂岩		
175	粗粒砂岩		黑点直径0.6 mm
176	中粒砂岩		

编号	名　　称	符　　号	说　　明
177	细　粒　砂　岩		
178	粉　　砂　　岩		
179	泥　质　砂　岩	除对泥质、铁质、含沥青、含油、凝灰质、石英、长石等砂岩规定符号外，其它岩性特征要作文字描述，不单独规定符号
180	铁　质　砂　岩		
181	含　沥　青　砂　岩		
182	含　油　砂　岩		

编号	名　　称	符　　号	说　　明
183	凝灰质砂岩		
184	石 英 砂 岩		
185	长 石 砂 岩		
186	泥质粉砂岩		
187	铁质粉砂岩		
188	炭质粉砂岩		

编号	名　　称	符　　号	说　　明
189	凝灰质粉砂岩		
190	泥　　岩		水平平行线间距 3 mm，薄岩层不作规定
191	灰　质　泥　岩		
192	粉　砂　质　泥　岩		
193	铝　质　泥　岩		
194	含　硅　泥　岩		

编号	名　　称	符　　号	说　　明
195	煤　及　夹　石		
196	煤　层　尖　灭		不能成波状，应为直线型
197	煤　层　分　叉		同上
198	天　然　焦		
199	含　碳　页　岩		
200	碳　质　页　岩		

编号	名 称	符 号	说 明
201	碳 质 泥 岩		
202	砂 质 页 岩		
203	油 页 岩		
204	铝 质 页 岩		
205	石 灰 岩		
206	角 砾 灰 岩		

编号	名　称	符　号	说　明
207	硅 质 泥 岩		
208	硅 质 岩		
209	含 沥 青 泥 岩		
210	凝 灰 质 泥 岩		
211	高 岭 石 泥 岩		
212	铁 质 泥 岩		

编号	名　称	符　号	说　明
213	泥质灰岩		
214	沥青质灰岩		
215	燧石灰岩		
216	颗粒灰岩		
217	生物屑灰岩		
218	礁灰岩		

编号	名　称	符　号	说　明
219	鲕　状　灰　岩		
220	藻　灰　岩		
221	白　云　岩		
222	角砾状白云岩		
223	竹叶状灰岩		
224	花斑状灰岩		

编号	名　称	符　号	说　明
225	礁 白 云 岩		
226	鲕 状 白 云 岩		
227	藻 云 岩		
228	硅 藻 岩		
229	集 块 熔 岩		
230	集 块 岩		

编号	名　　称	符　　号	说　　明
231	火 山 角 砾 岩		
232	凝　灰　岩		
233	沉 集 块 岩		
234	沉火山角砾岩		
235	沉 凝 灰 岩		
236	铝　土　矿		

编号	名　　称	符　　号	说　　明
237	菱　铁　矿		在单体矿物符号外圈画"〇"为该矿物结核
238	赤　铁　矿		同上
239	褐　铁　矿		同上
240	黄　铁　矿		煤层中的黄铁矿结核，在黄铁矿单体符号外圈画"〇"
241	岩　　盐		
242	石　膏　层		

编号	名　称	符　号	说　明
243	钾　盐　层		
244	镁　盐　层		
245	硼　砂　层		
246	天　然　气　层		
247	芒　硝　层		
248	白　垩　层		

编号	名　　　称	符　　　号	说　　　明
249	石　油　层		包括岩性不明的含油岩层

（三）岩浆岩

编号	名　称	代号	符　号	颜色	说　明
250	花　岗　岩	γ		浅　红	单体符号平行交错排列
251	花　岗　斑　岩	γ_π		浅　红	大小符号相同对应排列
252	花　岗　闪　长　岩	γ_δ		粉　红	两种符号对应排列
253	闪　长　岩	δ		桔　黄	"⊥"线长1.5 mm，粗0.2 mm
254	闪　长　斑　岩	δ_π		桔　黄	
255	石　英　闪　长　岩	λ_δ		粉　红	

编号	名　　称	代号	符　　号	颜色	说　　明
256	玢　　岩	μ		桔黄	"λ"线长3 mm，粗0.2 mm
257	辉 绿 玢 岩	μ_β		桔黄	
258	正　长　岩	ξ		粉红	正长斑岩、霞石正长岩、霞石正长斑岩均采用此符号和颜色，代号分别为 ξ_π、ε、ε_π
259	二　长　岩	ν		粉红	二长斑岩的符号和颜色与此相同，代号为 ν_π
260	辉　长　岩	υ		深绿	"×"线长1 mm，粗0.2 mm
261	辉　绿　岩	β_μ		深绿	大"×"线长2 mm

编号	名　　称	代号	符　　号	颜　色	说　　明
262	煌　斑　岩	χ		桔　黄	
263	辉　　岩	σ		浅　紫	
264	流　纹　岩	λ		粉　红	流纹凝灰岩均用此符号和颜色，代号分别为 λ_α、λ
265	安　山　岩	α		桔　黄	安山凝灰岩、安山集块岩均用此符号和颜色，代号分别为 α_q、α_g
266	英　安　岩	ζ		粉　红	
267	粗　面　岩	τ		粉　红	粗面凝灰岩、粗面集块岩均用此符号和颜色，代号分别为 τ_q、τ_g

编号	名　　　称	代号	符　　　号	颜　色	说　　　明
268	玄　武　岩	β		深　绿	玄武凝灰岩、玄武集块岩均用此符号和颜色，代号分别为 β_q、β_g
269	苦　橄　岩			浅　紫	
270	橄　榄　岩			浅　紫	"∧"线长 2 mm，粗 0.2 mm

（四） 混合岩与变质岩

编号	名　　称	符　　号	说　　明
271	混　合　岩		
272	角　页　岩		
273	板　　岩		
274	千　枚　岩		
275	片　　岩		
276	片　麻　岩		

编号	名 称	符 号	说 明
277	石 英 岩		
278	大 理 岩		
279	硅 化 灰 岩		
280	刚 玉 岩		
281	糜 岩		

编号	符号 名称	比例尺 1:500 和 1:1000	1:2000		说　　　明
			地　面	井　下	
282	设 计 钻 孔		$\frac{32.64}{180.50}$ ⑱ ○ 3.5	○ 2.5	钻孔上方为孔号，左上方为孔口高程，左下为设计孔深
283	见 煤 钻 孔	● 3　4.5	● 3.5　2	● 2	在地形图上左边只注孔口高程；在煤层底板等高线图、储量计算图、采掘工程图上，左上为孔口高程，左下为底板高程，右边为煤层可采厚度、钻孔质量级别（采掘工程图可不注）
284	未 见 煤 钻 孔	◎ 3　4.5	◎ 3.5　2	○ 2	左边为孔口高程。水平切面图采用此符号，但不注记高程。孔位指直孔或斜孔穿过本水平的位置
285	见 煤 斜 孔	○ 3　● 2　4.5	○ 3.5　● 1.5　2	● 2	黑圆点为钻孔见煤点的投影位置，在地形地质图上钻孔涂黑；井下钻孔的虚线表示孔口至孔底的投影长度
286	未 见 煤 斜 孔	○ 3　○ 2　4.5	◎ 3.5　○ 1.5　2	○ 2	用于底板等高线及储量计算图，左边为孔口高程，小圆圈为推断煤层层位的投影位置
287	报 废 孔	⊗ 3　4.5	⊗ 3.5　2	⊗ 2	

编号	符号名称	比例尺 1:500 和 1:1000	1:2000 地 面	1:2000 井 下	说　明
288	测 井 基 准 孔	⊜ 3 4.5	⬤ 3.5		用于测井专用图
289	地 震 测 井 孔	ⓩ 3 4.5	⬤ 3.5		用于测井专用图
290	一孔多用钻孔	85–8 (瓦) ⬤ 3 4.5	85–8 (瓦) ⬤ 3.5	85–8 (瓦) ○ 2	用于地质与其它兼用孔，如瓦斯采样孔，在孔号右边加注"瓦"
291	专 用 工 程 孔	◎ 3 4.5	85–9 (电) ◎ 3.5 2	85–9 (电) ○ 2	孔号右边加注"电""风""排""灭"等字，分别表示输电、通风、排水、灭火等钻孔
292	"三带"观测孔	◎ 3 4.5	85–5 (裂) ◎ 3.5 2	85–5 (裂) ○ 2	

编号	符号 比例尺 名称	1:2000	说　　明
293	设 计 钻 孔	4 6 0.2	用于剖面图
294	钻　　孔	4 6 4	用于剖面图
295	投 影 钻 孔	4 6 4 4 0.25	用于剖面图
296	剖面钻孔注记	85-10 22.70 -57.00　3.1 (0.3) 0.7 287.25	上方分子为孔号，分母为孔口高程，左边为煤层底板高程，右边为煤层及夹石层厚度（真厚），下方为终孔深度

（二） 巷 探 工 程

编号	符号名称	比例尺	1:2000	说 明
297	石　门		1.2	用于剖面图
298	平　巷			用于剖面图
299	探　井		(1)　(2)	(1) 下探井 (2) 上探井
300	斜　探　井		(1)　(2)	(1) 下　山 (2) 上　山

（三） 水文地质勘探工程

编号	名　　称	符　　号	说　　明
301	设 计 水 文 孔	○ 6 1.5	上方注记孔号，左侧注记：$\dfrac{孔口高程(m)}{孔\quad 深(m)}$
302	水　文　孔	4 ◎ 6	上方、左侧注记同上；右侧注记：$\dfrac{含水层位，水位高程(m)，水柱高度(m)}{单位涌水量(L/s·m)，渗透系数(m/d)}$
303	漏　水　孔	◎	上方、左侧注记同上；右侧注记：$\dfrac{含水层位，水位高程(m)，水柱高度(m)}{漏失深度(m)，漏失量(L/min)}$
304	抽　水　孔	◎ 3	第四系松散层和基岩含水层抽水试验同在一个钻孔进行时，可用此符号或312符号，并按312符号的等分法表示各抽水层（段）
305	群 孔 抽 水 主 孔	⊙ 0.8	
306	群 孔 抽 水 观 测 孔	◎ 3	

编号	名　称	符　号	说　明
307	疏　水　孔	3	
308	长　期　观　测　孔	1.5	右侧注记主要含水层水位(m)
309	涌　水　孔	2	
310	注　水　孔	3	
311	设计基岩水文孔	I Ⅱ Ⅲ　10	指抽水试验的水文孔。罗马字为钻孔中抽水试验层(段)编号，每一个编号代表一个抽水层(段)，内涂观测层段地层的代表颜色
312	基　岩　水　文　孔	10　I Ⅱ Ⅲ　8	左侧：$\dfrac{孔\quad 号}{孔口高程(m)}$　右侧：$\dfrac{含水层位，水位高程(m)，含水层厚度(m)}{单位涌水量(L/s \cdot m)，渗透系数(m/d)，水温(℃)}$

编号	名 称	符 号	说 明
313	施工中的基岩水文孔		上方、左侧、右侧注记同前
314	基 岩 群 孔		同上
315	设计基岩群孔		同上
316	水源生产勘探孔		同上
317	见 岩 溶 钻 孔		右侧注记：$\dfrac{岩溶高程 (m)}{岩溶层位}$
318	井下疏放水钻孔		右侧注记：$\dfrac{放水量 (m^3/min)}{水位降深 (m)}$

编号	名　　　称	符　　　号	说　　　明
319	水 文 物 探 钻 孔	⊕ 5　3.5	
320	流 量 测 井 孔	⊗	左：$\dfrac{孔口高程(m)}{孔深(m)}$ 右：$\dfrac{含水层位、深度(m)、厚度(m)}{注浆前后涌水量(m^3/h)、注浆量(t)}$
321	地 面 注 浆 孔	◎ 3　5　3.5	
322	井 下 注 浆 孔	○ 3.5	同上
323	漏 水 钻 孔	6 ◉ 3.5　2	里圈为地质孔符号。未封孔或封孔不良钻孔，去掉"∨"符号
324	井 下 涌 水 钻 孔	⊜ 3.5	

编号	名　　称	符　　号	说　　明
325	井下探放水孔	(1)　(2) 3.5　α=23° (3)　(4) β=14°　⊙-- 0.5	(1) 水平钻孔；(2) 上斜钻孔； (3) 下斜钻孔；(4) 直孔； α 为上斜角；β 为下斜角

（四） 山 地 工 程

编号	名　　　称	符　　　号	说　　　明
326	探　　槽	(1) (2) (3)	(1) 竣工；(2) 设计；(3) 用于剖面图
327	探　　井	(1) (2) (3)	(1) 竣工；(2) 设计；(3) 用于剖面图
328	探　　坑	(1) (2)	(1) 竣工；(2) 设计；(3) 用于平面图
329	探　　硐	(1) (2)	(1) 竣工；(2) 设计

（五）测　　井

编号	名　　　　称	代号	符　　　号	说　　　明
330	伽　玛　伽　玛	HGG	──┈┈╌╌╌──0.2	
331	密　　　　度	H M	同上	
332	选择伽玛伽玛	HSG	──┈╌─╌─╌──0.2	
333	中　子　伽　玛	HZG	──┈╌─╌─╌──0.2	
334	中　子　中　子	HZZ	同上	
335	自　然　伽　玛	H G	──┈╌─╌─╌──0.2	

编号	名　　称	代号	符　　号	说　　明
336	声　　速	SV	2　6　—— 0.2	
337	声　　幅	SF	2　3　— — — — 0.2	
338	电 阻 率 电 位	DLW	——— 0.2	
339	电 阻 率 梯 度	DLT	同　　上	
340	接 地 电 阻	DJ	同　　上	
341	接地电阻梯度	DJT	同　　上	

编号	名　　称	代号	符　　号	说　　明
342	电阻率三测向	D3C	————— 0.2	
343	电阻率六测向	D6C	————— 0.2	
344	电阻率七测向	D7C	————— 0.2	
345	电　导　率	DDL	————— 0.2	
346	自　然　电　位	DZW		
347	电　极　电　位	DSW		

编号	名　　称	代号	符　　号	说　　明
348	人　工　电　位	DGW	2　　　1 ⌐⌐ ⌐ ⌐ ⌐ ⌐⌐ — 0.2	
349	激　发　电　位	DFW	2　　　1 ⌐⌐ ⌐ ⌐ ⌐ ⌐⌐ — 0.2	
350	井　　　温	CRZ	——————— 0.15	
351	井　　　径	CJJ	同上	
352	井　　　斜	CJX	同上	
353	取　芯　记　号		0.2 ←深度→ ● 1.2 0.2 ←深度→ ○ 1.2 0.2 ←深度→ × 1.2 0.2 ←深度→ ◑ 1.2 15	取上煤芯； 取上岩芯； 无芯，丢弹头； 取上煤与岩芯

编号	名　　称	符　　号	说　　明
354	实　测　向　斜　抽	1.0	箭头表示岩层的倾斜方向。实测褶皱每100 mm为一组，组与组间距10 mm，推断褶皱每隔5节(1节20 mm)绘一组，组与组间距10 mm
355	推　测　向　斜　轴	1.0	
356	实　测　背　斜　轴	1.0	
357	推　测　背　斜　轴	1.0	
358	复　式　背　斜	1.0	中间线粗1 mm，两端尖灭
359	复　式　向　斜	1.0	

编号	名　　　称	符　　　号	说　　　明
360	线　状　背　斜		
361	梳　状　背　斜		
362	箱　状　背　斜		
363	实测倾没向斜轴		轴线箭头表示向斜的倾没方向
364	推测倾没向斜轴		同上
365	实测倾没背斜轴		同上

编号	名　　称	符　　号	说　　明
366	推断倾没背斜轴		
367	实测倒转背斜轴		
368	推断倒转背斜轴		
369	实测倒转向斜轴		
370	推断倒转向斜轴		
371	穹　　窿		

编号	名　　　称	符　　　号	说　　　明
372	坳　　陷		
373	轴　　线	20　　2　0.5　2	

（二）断　裂

编号	名　称	符　号	说　明
374	实 测 正 断 层		箭头表示断层面倾斜方向，短线指示地层下降的一侧。实测断层每隔 100 mm 为一组，组与组间距 10 mm，推断断层每 5 节（1 节 20 mm）绘一组，组与组间距 10 mm
375	推 断 正 断 层		同上
376	实 测 逆 断 层		同上
377	推 断 逆 断 层		同上
378	实测逆掩断层		同上
379	推断逆掩断层		同上

编号	名　　　称	符　　　号	说　　　明
380	实测平移断层		箭头表示两盘位移的方向
381	推断平移断层		同上
382	实测旋转断层		"∩" 符号表示旋转断层，箭头表示倾斜方向
383	推断旋转断层		同上
384	性质不明断层		表示断层性质还未探清
385	环　状　陷　落		双短线表示岩层陷落方向

编号	名 称	符 号	说 明
386	线 性 构 造	——————— 0.3	用于图像解释
387	隐 伏 断 裂	——— 2 ··· ——— 1.0	
388	断层编号及注记	F2 ——————— 1.0 H=10∠50°	注记断层名称、倾角、落差(m)
389	断 层 上 、 下 盘	a ——— 2··· 20 ——— 0.3 b ——— × ——— 2	a 为上盘；b 为下盘
390	断 层 裂 隙 带	0.3 0.15	中间表示裂隙地带
391	断 层 破 碎 带	0.3 0.3	中间表示破碎地带

编号	名　　称	符　　号	说　　明
392	断　　层	(1)　　(2)	用于剖面：(1) 实测；(2) 推断
393	井巷实测断层	(1)　　(2)	(1) 正断层；(2) 逆断层。用于采掘工程平面图。在矿井水平地质切面图上，走向粗 0.5 mm
394	滑　动　构　造		
395	推断滑动构造		
396	层间滑动构造		用于剖面图

（三）其 他 构 造

编号	名　称	符　号	说　明
397	实测陷落柱	...0.3	范围按实测填绘。蓝图可不着色。在剖面图上按实测范围表示充填物
398	推断陷落柱	0.3　10　3	同上
399	底　鼓	0.3　1　4	沉积基底不平，煤层缺失区亦用此符号
400	古河床冲刷	0.3	按实际范围填绘岩石符号
401	岩浆岩侵入体及天然焦界线	0.3　0.15　2　10　3	侵入范围用红实线圈画，如沿断层侵入可画断层符号，内画侵入岩石符号。短线指向变质带一侧。凡煤层全部变质成焦或剩余煤层厚度不足可采厚度时，均可画天然焦界线符号

78

编号	名　　　称	符　　　号	说　　　明
402	包　裹　体	0.3	包裹体内画实际岩性符号

八　储量圈定与计算

编号	名　称	符　号	说　明
403	实 测 煤 层 露 头		煤层厚度<1.3 m 时线粗 0.5 mm；1.3—3.5 m 时线粗 1.0 mm；厚度＞3.5 m 时，按实际投影宽度绘制
404	推 测 煤 层 露 头		
405	煤层露头及风化氧化带	(1) 0.8 (2) 0.2 (3) 5 2 0.2	(1) 煤层露头；(2) 风化带；(3) 氧化带
406	煤 层 底 板 等 高 线	150 0.15	
407	煤 层 分 叉 合 并 线	V 0.2	角尖指向合并区
408	煤 种 界 线	QM / SM 0.3	

编号	名　　称	符　　号	说　　明
409	储量块段界线	1　　4 ⌐ ⌐ ⌐ ⌐ — — — 0.2	
410	储　量　块　段	15 ① 1 ② 2 ③ 3 ④ 4 ⑤ 5	根据比例尺的大小，储量块段符号直径可取 20 mm。1—块段号和储量级别；2—储量块段面积 (m²)；3—储量 (万 t)；4—储量计算利用厚度 (m)；5—煤层倾角 (°)
411	储　量　级　别		A 级
			B 级
			C 级
			D 级

编　号	名　　　　称	符　　　号	说　　　明
412	煤层小柱状	0.30　0.85 0.93	为储量计算图上的钻孔或井巷实测柱状。左边为夹石层厚度，右边为煤层厚度。采掘工程图上的小柱状及钻孔一侧的小柱状宽可取 3 mm
413	煤层采样点	4 3　△ A $G_{R.I}$ V_{daf}	上为原煤灰分 (%)，中为粘结指数，如无 $G_{R.I}$ 值可注胶质层厚大厚度 Y (mm)，下为挥发分 (%)
414	剖　面　线	(1) 2 —————— 2′ (2) II ———— II′	(1) 勘探线剖面、矿井地质剖面、露天储量计算剖面线 (2) 走向剖面线
415	煤厚实测点及推定最低可采厚度点	●:1.5	在推测的最低可采厚度点右侧，注明最低可采厚度
416	剖面线方位	N25° E	剖面线改变方位时，应加注方位

编号	名　　　称	符　　　号	说　　　明
417	储　量　注　销　区	A_d＞50% 煤地字(79)25号 注销 24700t	边框用黑色虚线，斜线画 45°，内 注批准文号、储量
418	报　　损　　区	顶板破碎 煤生字(85)26号 报损 9200t	同上
419	地质与水文地质损失区	断层密集 煤地字(86)37号 地损 9300t	同上
420	丢　　煤　　区	违反开采程序 1975.9. 丢煤 14340t	边框用黑色虚线，斜线画 45°，内 注造成丢煤的原因、时间、储量

编　号	名　　　称	符　　　号	说　　　明
421	井下各类煤柱	煤地字(86)37号 ×× 煤柱 1430t 1975.9.	边框用黑色虚线，斜线画45°，内注批准文号、日期、煤量

编号	名　　称	符　　号	说　　明
422	上　升　泉	○ 3 2.5	左侧注编号，右侧：$\dfrac{涌水量\,(L/s)}{观测日期}$
423	下　降　泉	○ 2.5 3	同上
424	长 期 观 测 泉	◖ 3 ○ 2 2	同上
425	溶　洞　泉	◎ 4 2	同上
426	沸　　　泉	♨ 2 3	左侧注编号，右侧注：$\dfrac{涌水量\,(L/s)}{水温\,(℃)}$
427	温　　　泉	♨ 2 3	左侧注明名称或编号，右侧：$\dfrac{主要微量元素}{流量\,(L/s)}$　水温（℃）

编号	名 称	符 号	说 明
428	气 泉	1.5 ⊙ 2 3	
429	矿 泉	⬓ 2 3	
430	泉 群	2.5 2.5	左：编号，右：流量 (L/s)
431	泉 集 河	2.5 2.5	同上
432	间 歇 泉	▾	同上
433	脉 动 泉	2.5 2.5	同上

编号	名　　　称	符　　　号	说　　　明
434	悬　挂　泉	●⋯3 ⋮2.5	左：编号，右：流量 (L/s)
435	咸　水　泉	●⋯2.5 ⋮3	左：编号，右：$\dfrac{流量\ (L/s)}{观测时间，矿化度\ (g/L)}$
436	水　　　井	⊓⋯4	左：编号，右：$\dfrac{井口至水面深度\ (m)}{观测时间，井深\ (m)}$
437	长　期　观　测　井	⌐⋯3 ⋮5	左：编号，右：$\dfrac{水位高程\ (m)，流量\ (L/s)}{观测日期}$
438	抽　水　井	⊓↑⋯3 ⋮5	左：编号，右：$\dfrac{流\ \ 量\ (L/s)}{井\ \ 深\ (m)}$
439	坎　儿　井	2　4 ●–●–●–	流量 (L/s)

编号	名　　　　称	符　　　　号	说　　　　明
440	河 流 观 测 站		
441	临时河流观测站		
442	沟 渠 堰 坑 站		
443	气 象 观 测 站		
444	最 高 洪 水 位 线		
445	地下水等水位线		

编号	名　　称	符　　号	说　　明
446	等　水　压　线	5　2　0.2	
447	承压水顶板或底板等深线	1　10　0.2	
448	咸水顶板或淡水底板等深线	3　10　0.2	
449	基　岩　等　高　线		
450	以砂砾石为主的冲洪积扇边界线	2　15　0.2	
451	连续分布的多年冻土界线	2　2　0.2	短线指冻土方向

编号	名　　称	符　　号	说　　明
452	河床漏水区（段）	0.15	
453	地　下　水　流　向	0.15	箭头长 4 mm，粗 0.2 mm
454	水　位　曲　线	8　1.5　0.15	
455	流　量　曲　线	8　1.5	
456	水质类型分区界线	10　4　2	
457	富　水　性　界　线	I　3　8　0.3　II	

编号	名　　　称	符　　　号	说　　　明
458	矿 化 度 界 线		
459	河 流 排 泄 地 下 水		
460	河 流 补 给 地 下 水		
461	河　道　建　闸		河流宽度大于图上 4 mm 时，按实际比例绘制
462	滞　洪　区		按实际范围绘制
463	岩溶区地表水渗漏处		

编号	名　称	符　号	说　明
464	生产平硐长期观测站	3 🚩 5	左：编号，右：$\dfrac{最大—最小流量\,(L/s)}{观测起止日期}$
465	有 水 流 生 产 平 硐	5	同上
466	有 水 小 窑	(1) 4　(2) 6	(1) 有水流小窑；(2) 积水小窑
467	主 要 含 水 层		除第四系和奥陶系的岩层涂本系代表颜色外，其余主要含水层一律涂浅蓝色
468	潜 水 位 线	1 3 ▽ 2.5	用于水文地质剖面图上：潜水位高程，下：测水位日期
469	承压水头高度及等水压线	3 ▽ 2.5 1	用于水文地质剖面图上：水位高程，下：测水位日期

编号	名　　　称	符　　　号	说　　　明
470	漏 水 点 及 深 度	1.5 703.45　5	用于水文地质剖面图
471	静 水 位 标 高	▼ +35.00　4　4	同上
472	抽 水 试 验 段 及 其 深 度	380.00　398.00	同上
473	漏 水 层 段 及 其 深 度	135.00　142.00	同上
474	岩 溶 及 裂 隙		同上
475	渗 透 系 数 (m/d)	K	

编号	名　　　称	符　　　号	说　　　明
476	单位涌水量 (L/s·m)	q	
477	涌　水　量　(L/s)	Q	
478	水　位　降　深 (m)	S	
479	矿　化　度　(g/L)	M	
480	水　　　　　温	T	
481	岩　层　裂　隙　率	KT	

编号	名　　　称	符　　　号	说　　　明
482	采 取 水 样 地 点		
483	采取细菌查测水样地点		

编号	名　　称	符　　号	说　　明
484	富水性极强的岩层		$q>10\text{L/s}\cdot\text{m}$
485	富水性强的岩层		$q=1\text{-}10\text{L/s}\cdot\text{m}$
486	富水性中等的岩层		$q=0.1\text{-}1\text{L/s}\cdot\text{m}$
487	富水性弱的岩层		$q=0.01\text{-}0.1\text{L/s}\cdot\text{m}$
488	富水性极弱的岩层		$q<0.01\text{L/s}\cdot\text{m}$
489	实际上不含水的岩层		

编号	名 称	矿化度 (g/L)	符		号	
			泉 (蓝)	井 (蓝)	钻 孔 (蓝)	含 水 层 (绿)
490	淡 水（低矿化度）	<1				
491	微咸水（弱矿化度）	1—3				
492	咸 水（中矿化度）	3—5				
493	强咸水（高矿化度）	5—10				
494	盐 水	10—50				
495	卤 水	>50				

编号	名　　称	符　　号	说　　明
496	地下水化学成分		以主要阴阳离子所含总数的百分数表示 1—Cl^-；　2—SO_4^{2-}；　3—HCO_3^-； 4—Na^++K^+；　5—Ca^{2+}；　6—Mg^{2+}
497	地下水气体成分		以主要气体所含总数的百分数表示 1—CH_4；　2—重碳氢化物；　3—N_2； 4—CO_2；　5—O_2；　6—H_2S

地下水化学成分类型图

地下水化学成分类型，应按主要的阴阳离子混合成混合类型，其分类

方法可根据具体资料及要求进行，并自行采用适当的图例符号

编号	名　　称	符　　号	说　　明
498	岩溶洼地		按实际范围、形态绘制
499	天然竖井		同上
500	石林及残丘		
501	岩溶陷落柱		同上
502	干溶斗		同上
503	岩溶湖		同上

编号	名　称	符　号	说　明
504	有 水 溶 洞	⊕…4	
505	干 溶 洞	⊕	
506	落 水 洞	⊕	
507	充 水 溶 斗	⊕	
508	地 下 河 天 窗	⊖	
509	溶　　沟	⟩⟩·⟩	按实际范围绘制

编号	名　　称	符　　号	说　　明
510	地　下　河		虚线为地下河段

（二）　矿井水文地质

编号	名　　称	符　　号	说　　明
511	观　测　站	$\begin{smallmatrix}3\\2\end{smallmatrix}$ 1.5 6 的符号	左：编号；右：$\dfrac{流量\,(m^3/s)}{观测起止日期}$
512	巷道涌水点	(1)　3 3 5 的符号 (2)　梯形符号 (3)　带纹梯形符号	(1) 里边蓝色箭头表示涌水方向 (2) 断层出水 (3) 已处理
513	回采工作面涌水点	3 4 ○↑　　4 3 ○↓	左上：出水时间；右上：最小—最大出水量 (m^3/min) 左下：出水点高程 (m)。箭头表示涌水方向
514	井下涌水点观测站	3 45.23 Ⓨ $\dfrac{15}{85.1.2}$ 4	左：观测点高程 (m)；右：$\dfrac{涌水量\,(m^3/min)}{观测时间}$
515	透　流　砂　点	(1) ⊙ 76.1.2 4　　(2) ⊕ $\dfrac{76.2.1}{76.5.1}$ 4	(1) 右注透流砂时间 (2) 右注 $\dfrac{透流砂时间}{处理时间}$

编号	名　　　称	符　　　号	说　　　明
516	淋　水　区		两端淋水符号即为淋水区起止点
517	井 下 积 水 区		内注记：$\dfrac{积水量\,(m^3)}{积水面积\,(m^2)}$
518	防水危险区警戒线		
519	泄　水　巷		岩巷用桔黄色，煤巷用黑色
520	断 层 防 水 煤 柱		
521	水　　　泵		(1) 中央水仓水泵 (包括阶段或水平集中排水泵) (2) 区域水泵

编号	名　　　称	符　　　号	说　　　明
522	排　水　能　力	15 11 | 80 10 | 80 7300	中央水仓或集中排水泵房注记排水能力 左上：水泵台数；右上：排水量 (m³/min)； 左中：排水管路（趟）；右中：管路排水量 (m³/min)； 下中：水仓容量 (m³)
523	吸　水　井	○ ○∷1.8	
524	排　水　管　路	d=300 (3)　　　0.5 20	d 为管路直径，括号内为管路趟数，箭头表示排水方向
525	排　水　方　向	10	填绘在巷道外的水沟一侧

十 露天矿专用符号

编号	符号名称 比例尺	1:500 和 1:1000	1:2000	1:5000	说　明
526	电气化铁路	10 8 1	0.8 10	0.5	非电气化铁路除无架线标志外，其它表示相同 移动的按 1:5000 符号去掉架线标志绘制
527	铁路检修沟（灰坑）				
528	铁路立体交叉				
529	铁路道岔				
530	井下轻便铁轨	10 0.3	不　表　示		
531	利用废巷贮水的贮水仓	$\frac{5}{1500}$ 3 1	$\frac{5}{1500}$ 2 1		贮水仓编号 贮水仓容量

编号	符号名称	比例尺 1:500 和 1:1000	1:2000	1:5000	说 明
532	露天滑坡在断面上的表示	0.2 0.4 0.4	0.2 0.3 0.3		虚线表示滑落面
533	排水场的盲沟	0.4	0.2		
534	疏 干 巷 道	冲积层疏干巷道 0.4	冲积层疏干巷道 0.2		注明巷道疏干岩层的名称，箭头表示流水方向
535	采 剥 阶 段	0.4 0.2	0.3		用规定颜色按月填绘
536	到 界 台 阶	3 1.5 0.3 0.1 3 1	3 1.5 0.2 0.1 2 1		短线为长线的一半
537	排 水 干 渠	0.2 4	0.2 4		按实际宽度绘制

编号	名　　　称	符　　　号	说　　　明
538	滑　坡　区	5	
539	积　水　区		
540	采剥机械位置编号	$\dfrac{31}{5}$ 〔201〕 4　6　8	箭头表示推进方向，左上为日，左下为月，框内为机械编号
541	露天馈电线路	4 ————————◇≪———— 0.2	
542	钻　　　孔	4.5 ● 3	上：$\dfrac{孔　号}{孔口高程(m)}$　左：煤层底板高程(m) 右：$\dfrac{煤层厚度(m)}{岩层厚度(m)}$ 或见煤钻孔的采剥比

编号	名　称	符　号	说　明
543	顶 板 柱 状		左：煤层顶板高程(m) 右：煤层顶板岩层厚度(m)
544	底 板 柱 状		左：煤层顶板高程(m) 右：煤层底板厚度(m)
545	计 算 块 段		1—块段号；　2—岩层剥离量(万 m³)； 3—煤层储量(万 t)；　4—剥采比
546	煤 厚 等 于 1m 边 界		
547	剥 采 比 等 值 线		
548	第 四 系 等 厚 线		
549	上 覆 地 层 等 厚 线		

编号	名　　称	符　　号	说　　明
550	剥　采　比　＜3		
551	剥　采　比　＜5		
552	剥　采　比　＜8		
553	剥　采　比　＜10		
554	上覆地层厚度＜50m		
555	上覆地层厚度 50—100m		

编号	名　　称	符　　号	说　　明
556	上覆地层厚度 100—150m		
557	上 覆 地 层 厚 度 ＞150m		

编号	名　　称	符　　号	说　　明
558	井口十字中线点	3.5 1.5	箭头指井筒方向
559	地面塌陷坑	1.5	无积水
			有积水
560	地面滑坡建筑区	4.1 1.5	由于自然因素和采掘引起的地面建筑物滑动。红色箭头表示滑动方向
561	因采掘引起的地表裂隙		按裂隙的实际宽度绘出，并加注"裂"字，图上宽度小于1mm时，用单线绘出

（二）注　记　规　定

编号	名　称	字　体	1:500 1:1000	1:2000	1:5000
			字　体　规　格		
562	竖井（暗竖井）、斜井（暗斜井）及平硐的名称	粗等线：　平山竖井	15K（3.5×3.5）	15K（3.5×3.5）	13K（3×3）
563	巷道名称、边界、露头、断层等名称注记	仿宋：　运输大巷	18K（3×3.5）或（2.5×3）	18K（3×3.5）或（2.5×3）	13K（2×3）
564	测点编号	正等线：　B5	13K（1×2.5）或11K（1×2）	7K-9K（0.9×1.2）或（0.9×1.4），（0.9×1.6）	——
565	高程、煤厚、断层产状要素等数字注记	正等线：　125.62	13K（1×2.5）或（1.5×2.5）	11K（1×2，1.2×2）	11K（1×2，1.2×2）
566	工作面编号、露天采掘机械编号	正体：　2125	16K（1.5×3）或（2×3）	16K（1.5×3）或（2×3）	——
567	工作面回采年度，钻孔编号注记	正体：　1985	16K（1.5×3）或（2×3）	13K（1.2×2.5）或（1.5×2.5）	13K（1.2×2.5）或（1.5×2.5）
568	工作面月份回采注记	正体：　Ⅲ	16K（3×3）	13K（2.5×2.5）	——
569	坐标注记	正等线：　321000	16K（1.5×3或2×3）13K（1.2×2.5或1.5×2.5）		
570	剖面线号	正体：　2（倾向）Ⅰ（走向）	44K（5×8）		

名称	单 一 图 幅 图 鉴
编号	
571	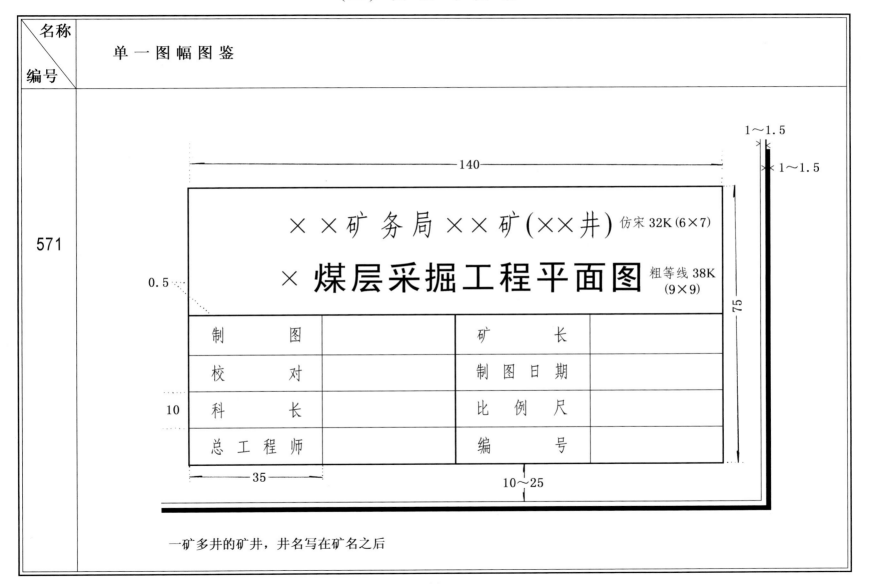

××矿务局××矿(××井) 仿宋32K(6×7)

×煤层采掘工程平面图 粗等线38K (9×9)

140

75

1～1.5

1～1.5

0.5

10

制　　图		矿　　长	
校　　对		制 图 日 期	
科　　长		比 例 尺	
总 工 程 师		编　　号	

35

10～25

一矿多井的矿井，井名写在矿名之后

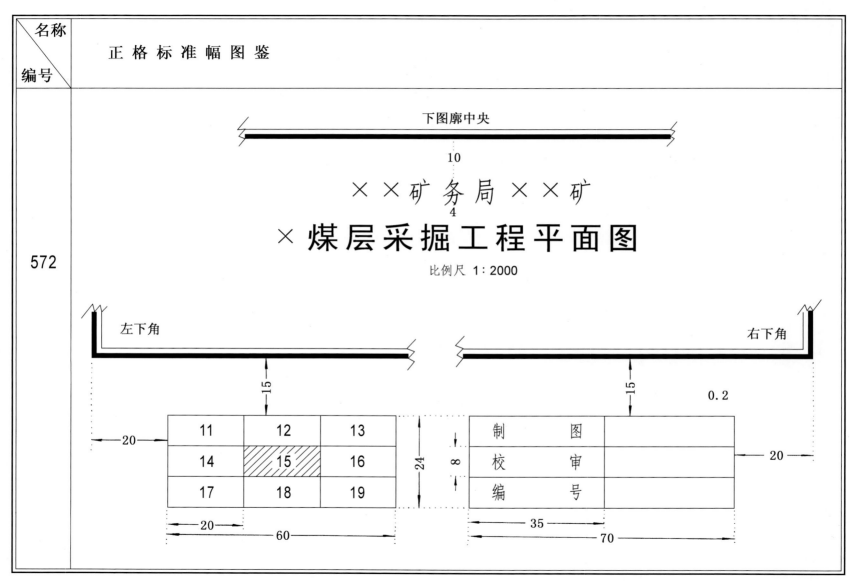

| 名称 | 正 格 标 准 幅 图 鉴 |
| 编号 | |

572

下图廓中央

10

××矿务局××矿

4

×煤层采掘工程平面图

比例尺 1:2000

左下角

右下角

15

15

0.2

11	12	13
14	15	16
17	18	19

20

24

8

20

制	图	
校	审	
编	号	

20

35

60

70

20

名称	地质报告图及其它矿井地质图图签
编号	

573

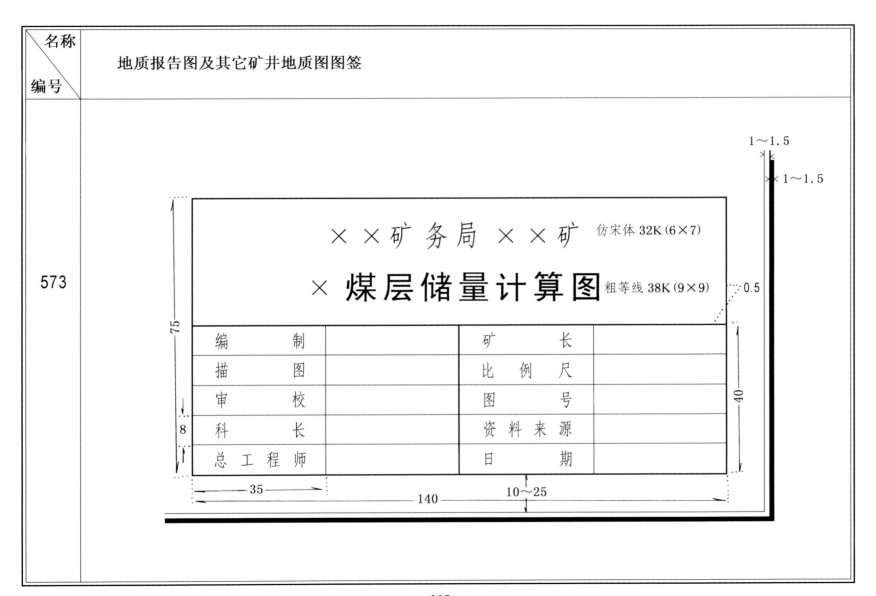

编　　制		矿　　长	
描　　图		比　例　尺	
审　　校		图　　号	
科　　长		资料来源	
总 工 程 师		日　　期	

××矿务局××矿 仿宋体32K(6×7)

×煤层储量计算图 粗等线38K(9×9)

1～1.5

1～1.5

0.5

75

8

40

35

140

10～25

名称	指 北 针
编号	
574	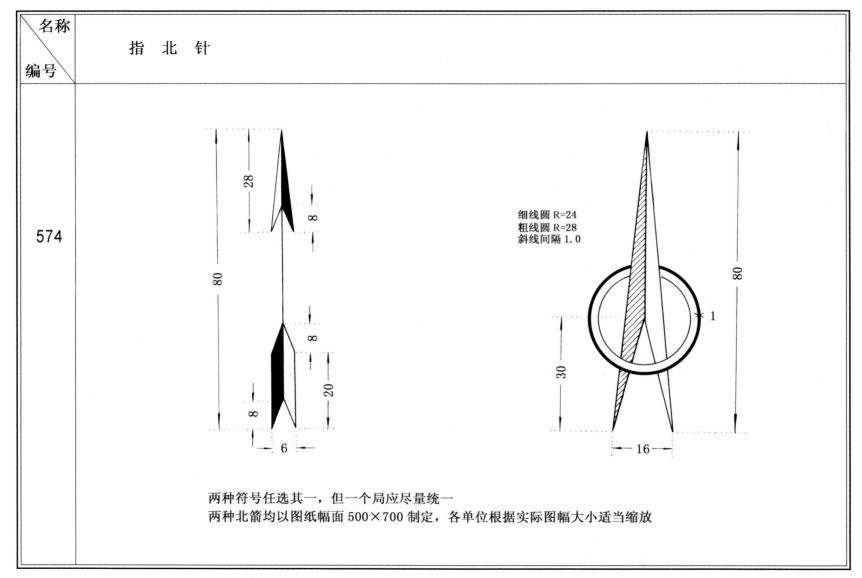

细线圆 R=24
粗线圆 R=28
斜线间隔 1.0

两种符号任选其一，但一个局应尽量统一
两种北箭均以图纸幅面 500×700 制定，各单位根据实际图幅大小适当缩放

（五） 煤 的 分 类

编号	名　　　　称	符　　　　号	说　　　　明
575	褐煤一号	HM_1	
576	褐煤二号	HM_2	
577	长 烟 煤	CY	
578	不 粘 煤	BN	
579	弱 粘 煤	RN	
580	1/2 中粘煤	$1/2ZN$	

编号	名　　　称	符　　　号	说　　　明
581	气　　煤	QM	
582	气　肥　煤	QF	
583	肥　　煤	FM	
584	1/3　焦　煤	1/3 JM	
585	焦　　煤	JM	
586	瘦　　煤	SM	

编号	名　　称	符　　号	说　　明
587	贫　瘦　煤	PS	
588	贫　　　煤	PM	
589	无 烟 煤 三 号	WY_3	
590	无 烟 煤 二 号	WY_2	
591	无 烟 煤 一 号	WY_1	
592	泥　　　炭	NT	

编号	名　　称	符　　号	说　　明
593	天　然　焦	TR	

（六）煤 岩 类 型

编号	名　　称	符　　号	说　　明
594	光　亮　型		
595	半　亮　型		
596	半　暗　型		
597	暗　淡　型		

0.10

0.15

0.20

0.25

0.30

0.35

0.40

0.45

0.50

0.60

0.70

0.80

0.90

1.00

1.10

1.20

1.40

1.60

1.80

2.00

附录二   **色　标**

浅　灰	褐　色	绿
橘　黄	红	浅　绿
橙　黄	浅　红	草　绿
黄	粉　红	蓝
棕	浅　紫	浅　蓝
浅　棕	墨　绿	

正宋体	扁宋体	左斜宋体	K数（mm）			中等线	粗等线	正仿宋	长仿宋
渤海	渤海	渤海	1.35	7K	1.50	北京	天津	上海	大连
渤海	渤海	渤海	1.60	8K	1.75	北京	天津	上海	大连
渤海	渤海	渤海	1.80	9K	2.00	北京	天津	上海	大连
渤海	渤海	渤海	2.00	10K	2.25	北京	天津	上海	大连
渤海	渤海	渤海	2.25	11K	2.50	北京	天津	上海	大连
渤海	渤海	渤海	2.50	12K	2.75	北京	天津	上海	大连
渤海	渤海	渤海	2.70	13K	3.00	北京	天津	上海	大连
渤海	渤海	渤海	2.90	14K	3.25	北京	天津	上海	大连
渤海	渤海	渤海	3.15	15K	3.50	北京	天津	上海	大连
渤海	渤海	渤海	3.40	16K	3.75	北京	天津	上海	大连
渤海	渤海	渤海	3.60	18K	4.00	北京	天津	上海	大连
渤海	渤海	渤海	4.05	20K	4.50	北京	天津	上海	大连
渤海	渤海	渤海	4.95	24K	5.50	北京	天津	上海	大连

正宋体	扁宋体	左斜宋体	K 数	（mm）		中等线	粗等线	正仿宋	长仿宋
渤海	渤海	渤海	5.60	28K	6.25	北京	天津	上海	大连
渤海	渤海	渤海	6.50	32K	7.25	北京	天津	上海	大连
渤海	渤海	渤海	7.65	38K	8.50	北京	天津	上海	大连
渤海	渤海	渤海	9.00	44K	10.00	北京	天津	上海	大连
渤海	渤海	渤海	10.80	50K	12.00	北京	天津	上海	大连
海	海	海	11.70	56K	13.00	北	津	海	连
海	海	海	12.80	62K	14.25	北	津	海	连

仿 宋

煤 中 矿 炭 系 测 描 绘 高 地 程 坐 标
省 市 县 秘 密 制 院 局 处 图 比 设 计
例 尺 审 探 勘 核 准 采 厂 工 运 输 日
期 批 和 等 对 年 月 黄 海 剖 黑 面 点
线 大 生 产 机 械 铁 构 器 库 池 序 唐
掘 岩 巷 区 道 皮 车 修 定 护 变 深 家
甲 乙 水 毫 米 水 部 泥 胡 李 周 王 赵
规 范 钱 陈 段 调 务 庄 村 新 大 陆 英
江 沙 阳 渠 东 北 西 南 砂 矾 针 杨 坑
场 技 科 工 业 塘 广 堡 挖 堂 招 孔 荆
马 林 滦 坨 冶 金 冰 永 房 泵 薄 强 弱
磅 硅 称 顶 底 状 柱 板 岭 峪 峰 粘 灰
色 粗 粒 呈 胶 碎 粉 仓 仓 库 井 竖 斜
园 名 建 设 玻 璃 电 影 剧 浴 储 俱 国
门 钟 祥 谷 冀 化 武 坡 始 距 河 流 期

长 仿 宋

大 同 阳 泉 西 山 晋 城 潞 安 平 溯 韩 城 铜
加 停 开 滦 峰 峰 邢 台 邯 郸 兴 隆 下 花 园
平 顶 山 焦 作 鹤 壁 枣 庄 兖 州 新 汶 井 陉
北 京 阿 干 镇 窑 街 萍 乡 南 桐 中 梁 山 天
府 华 荥 山 六 枝 盘 江 水 城 淄 博 坊 子 鸡
西 双 鸭 山 鹤 岗 舒 兰 本 溪 北 票 辽 原 通
化 抚 顺 阜 新 铁 法 宁 夏 大 屯 江 苏 内 蒙
浙 江 上 海 南 京 蚌 埠 连 云 港 海 南 自 贡
芜 湖 开 封 唐 山 宁 波 合 肥 个 旧 许 昌 沙
十 堰 武 汉 拉 萨 昆 明 汕 头 三 峡 无 锡 胶
长 春 张 家 口 保 定 沈 阳 太 原 呼 和 浩 特
赤 峰 营 口 白 城 哈 尔 滨 佳 木 斯 蓝 田 重
庆 伊 犁 门 头 沟 三 河 黑 龙 江 台 湾 香 港
天 津 桂 林 湘 潭 淮 北 安 徽 福 建 山 东 贵
棉 粮 油 钢 铁 材 料 拖 拉 车 站 公 社 军 队

正 宋

矿 东 南 西 北 胜 龙 利
台 凤 露 天 票 陆 恒 麻
测 城 岭 德 沟 平 高 海
煤 图 洞 局 焦 陵 室 诺
贝 尔 营 化 邱 州 铁 夏
厂 洪 里 奎 门 黑 汶 坊
陶 桥 岗 通 本 溪 师 唐
各 林 保 封 王 源 湘 桐
府 铜 层 群 抚 顺 肥 淄
木 赵 家 安 付 竖 孔 范

扁 宋

房 李 江 华 阳 镇 阿 干
影 直 连 瓦 斯 鹤 鸭 同
鸡 开 京 滦 泉 峰 作 萍
淮 乡 肃 甘 务 陉 峪 程
挖 金 湾 马 柱 元 临 沂
田 屯 青 山 广 合 峒 堡
晋 宫 薛 地 白 嘴 梁 中
祝 拐 板 斜 泥 剖 采 志
工 机 修 住 宅 校 排 风
溜 风 眼 塌 陷 上 下 行
道 运 输 巷 顶 沙 秘 密

中　等　线

北京天津上海市石家庄
唐山邯郸保定大同长治
榆次呼和浩特礼宁锡林
哈尔滨牡丹江佳木斯民
辉集贤钱塘四平沈阳锦
州济南淄博烟台凭祥旅
顺徐合肥蚌埠芜湖杭嘉
川东绍兴赣景德湾惠瑞
厦门三明日喀则基隆高
雄郑洛开封武汉黄宜西
沙株湘潭韶关广遵义丽
延安兰贵昆明芦沟桥城

粗　等　线

中华人民共和国
北京天津上海河
山西东内蒙古黑
吉林辽宁江苏安
徽浙福建台湾湖
南广陕甘肃青四
治贵州云藏回省
自治区县盟市地

阿　拉　伯　　　　　　　　　　　　　　　　罗　马

书版正体　　1 2 3 4 5 6 7 8 9 0　　　I II III IV V VI VII VIII IX X

1 2 3 4 5 6 7 8 9 0　　　I II III IV V VI VII VIII IX X XI XII

书版斜体　　*1 2 3 4 5 6 7 8 9 0*　　　*I II III IV V VI VII VIII IX X*

1 2 3 4 5 6 7 8 9 0　　　*I II III IV V VI VII VIII IX X XI XII*

正等线　　　1 2 3 4 5 6 7 8 9 0　　　I II III IV V VI VII VIII IX X

1 2 3 4 5 6 7 8 9 0　　　I II III IV V VI VII VIII IX X XI XII

粗等线　　　**1 2 3 4 5 6 7 8 9 0**

1 2 3 4 5 6 7 8 9 0

英文:

A B C D E F G H I J K L M
N O P Q R S T U V W X Y Z

A B C D E F G H I J K L M
N O P Q R S T U V W X Y Z

A B C D E F G H I J K L M
N O P Q R S T U V W X Y Z

A B C D E F G H I J K L M N O P
Q R S T U V W X Y Z

a b c d e f g h i j k l m n o p q
r s t u v w x y z

a b c d e f g h i j k l m n o p
q r s t u v w x y z

俄文:

А Б В Г Д Е Ё Ж З И Й
К Л М Н О П Р С Т У Ф
Х Ц Ч Ш Щ Ъ Ы Ь Э Ю Я

А Б В Г Д Е Ё Ж З И Й
К Л М Н О П Р С Т У Ф
Х Ц Ч Ш Щ Ъ Ы Ь Э Ю Я

а б в г д е ё ж з и й к л м н о
п р с т у ф х ц ч ш щ ъ ы ь э
ю я

а б в г д е ё ж з и й к л м н
о п р с т у ф х ц ч ш щ ъ
ы ь э ю я

希腊文:

Α Β Γ Δ Ε Ζ Η Θ Ι Κ Λ Μ
Ν Ξ Ο Π Ρ Σ Τ Υ Φ Χ Ψ Ω

α β γ δ ε ζ η θ ι κ λ μ ν ξ ο π
ρ σ τ υ φ χ ψ ω

注：汉语拼音字母同英文字母

附录七

地质年表

同位素地质年龄数值单位：亿年

宙	地质代	地质时期（纪）	世	期	地层代号	距今年龄	时间间距	期（构造）	侵入岩分期及代号（以花岗岩若为例）	侵入岩分期及代号（以花岗岩若为例）
显生宙	新生代（Kz）	第四纪	世		Q	0.02—0.03	0.02—0.03	喜山期	γ6	γ_6^2
		第三纪	上新世		N₂	0.03—0.12	0.10			
			中新世		N₁	0.12—0.25	0.10—0.13			
			渐新世		E₃	0.25—0.40	0.13—0.15			
			始新世		E₂	0.40—0.60	0.20			
			古新世		E₁	0.60—0.80	0.20			γ_6^1
	中生代（Mz）	白垩纪	晚		K₂	0.80—1.40	0.55—0.60	燕山期	γ5	γ_5^3
			早		K₁	1.40—1.95	0.50—0.55			γ_5^2
		侏罗纪	晚		J₃	1.95—2.30	0.30—0.35			γ_5^1
			中		J₂					
			早		J₁					
		三叠纪	晚		T₃	2.30—2.80	0.45—0.50	印支期		γ_4^3
			中		T₂					
			早		T₁					
	古生代（Pz₂）	二叠纪	晚		P₂	2.80—3.50	0.65—0.70	华力西期	γ4	γ_4^2
			早		P₁					
		石炭纪	晚		C₃	3.50—4.10	0.55—0.60			γ_4^1
			中		C₂					
			早		C₁					
		泥盆纪	晚		D₃	4.10—4.40	0.25—0.30			
			中		D₂					
			早		D₁					
	古生代（Pz₁）	志留纪	晚		S₃	4.40—5.00	0.55—0.60	加里东期	γ3	γ_3^3
			中		S₂					
			早		S₁					
		奥陶纪	晚		O₃	5.00—6.00	0.55—0.60			γ_3^2
			中		O₂					
			早		O₁					
		寒武纪	晚		ϵ_3	6.00—7.00	0.57—1.00			γ_3^1
			中		ϵ_2					
			早		ϵ_1					
隐生宙	元古代 上（震旦纪）		晚		Z₂	7.00—8.00	2.00±0.3	桐湾	γ2	γ_2^2
			早		Z₁	8.00—10.00	2.00±0.3	澄江		
	元古代 中	青白口时期			$P_{3}qb$	10.00—14.00	4.00±	晋宁		
		蓟县时期			$P_{2}jx$	14.00—19.00	5.00±			
		长城时期			$P_{2}cc$	19.00—20.00	1.00±	中岳		
	元古代 下	滹沱时期			$P_{2}ht$	20.00—25.00	5.00±	吕梁		
		五台时期			$P_{1}wt$	25.00—35.00	9.00—10.00	五台		γ_1^2
	太古代（Ar）	阜平期			Ar	>35.00		阜平（吕梁期结晶基底）	γ1	γ_1

地球初期发展阶段即地壳形成时期以前，根据科学测算：地壳物质年龄约为30亿—40亿年。

地球年龄约为50亿—60亿年

*晚、中元古代地层时代符号及同位素年龄值，来自1982年7月22—24日全国地层委员会召开的晚前寒武纪地层分类命名会议决议

附录八　《煤矿地质测量图例》实施补充规定

第一章　总　则

第1条　根据能源煤总〔1989〕第26号文《关于印发〈煤矿地质测量图例〉的通知》(以下简称《通知》)要求,为了进一步统一和明确矿图绘制标准,特制定本规定。

第2条　本规定引用的标准为《煤矿地质测量图例》(以下简称《图例》)、《煤田地质标准图例》、《煤矿地质测量图技术管理规定》及其他现行的有关规程规定。

第3条　按照《通知》的规定,在《图例》颁发以前,按老图例绘制的图纸,一幅图(包括正规标准分幅或自由分幅)已绘制达三分之一以上者,仍可继续按老图例绘制,直至全幅图完成。

第4条　在执行《图例》过程中,确因有特殊内容需要表示,而《图例》中又未作规定者,可自定补充符号,但必须经过省一级煤炭管理部门批准,并报总公司备案。

凡新《图例》上已作规定的符号,任何单位都不得按自己的习惯擅自修改。

第二章　一般要求

第5条　《图例》没有包括的内容:地形部分,一律按国家测绘总局制定由国家标准局颁发的现行的测量图示执行,地质勘探部分执行现行的《煤田地质标准图例》,但《图例》已作规定的符号,一律按《图例》执行。

现行的《图例》是指最新颁发执行的《图例》,新老图例有矛盾时,按新《图例》执行。

第6条　在执行《图例》中,允许有一定的灵活性,有些尺寸可自行确定,但必须遵守以下原则:

1.凡《图例》中符号未规定尺寸的;

2.《图例》中符号尺寸虽作了规定,但本补充规定作了说明允许灵活掌握的,

3.各单位自己确定的标准,必须在细则中明确规定;

4.尺寸放宽的幅度,各单位要相对统一。

第7条　个别符号允许有多种画法存在,是指《图例》规定中已作说明的某些符号。其他符号不允许擅自采取其他画法。

第三章　符号的绘制

第8条　绘制矿图时,各种符号尺寸大小应符合规范的要求,在符号密集时,可适当缩小或者省略次要符号,但应考虑图纸内容的整体性和一致性,避免因局部缩小或省略造成误解。

第9条　符号上下重叠时,可用"共线"绘制。"共线"是指用一条代表性的线条代替两条以上的相互重叠的线条。选取"共线"时,应遵守"取大不取小、取上不取下"(即取重要性大的线条,不取次要的线条;在投影图上取上部线条,不取下部线条)的原则。

第10条　线条粗细以国家测绘总局的"点线符号标准表"为准。符号中未标明尺寸的粗线为0.3mm；细线为0.15mm；点的直径为0.25mm；虚线的线划长4mm，线间隔2mm。

以上尺寸允许有一定的误差，一般肉眼看不出差异即为合格。

第11条　所有矿图必须绘坐标格网，不能用十字线代替。

第四章　注　　记

第12条　点状物体(如钻孔、测量控制点等)的编号、名称及高程注记等，采用水平或垂直字列。井筒(包括竖井、斜井和平硐)的名称、高程、用途等，一律用水平字列。

第13条　线状物和面状物(如地质构造、巷道、回采工作面等)的名称注记，用屈曲字列，但字头不得朝向水平线。

第14条　注记的字隔，点状物体采用接近字隔(<0.5mm)字列；线状物体可采用接近字隔(<0.5mm)、普通字隔(1.0～3.0mm)或隔离字隔(字大的1～5倍)，亦可采用其他字隔，视符号长度而定。

第15条　注记的位置视图面而定，既要明了直观，还要布局合理。特长线状物或大面积建筑群等，应分段重复注记。

第16条　图上井田范围内的井筒及钻孔的地面高程，一律用红色注记。地面其他物体的注记，遵照测绘总局颁发的现行《地形图图式》执行。井田范围外非本矿使用的井筒、钻孔的地面高程及井下高程、井下测定编号等，均用黑色注记。

第17条　坐标格网注记，正格标准图幅的字头一律朝上，非正格标准图幅的字头朝向自定，但不得朝向水平线以下。

投影带数字在每幅图上只注记两个对角方位。

第18条　所有的井巷工程都要注记全称。表示水平数字名称的，一律用屈曲排列的阿拉伯数字表示，严禁用汉字注记水平数字名称。

第五章　《煤矿地质测量图例》的补充规定及说明

序号	图例编号	说　　　　明
1	1～4	①临时导线点、罗盘导线点在采掘图上一律不表示(特殊需要应单独画井下控制网图)。如展点绘图需要，可用导线点下巷道底板高程符号代替，并注明底板高程，但不注记点号。 ②永久导线点点号注记距点的位置自定，但一般不得大于3mm；点号及高程注记在巷道内外均可，具体注法视情况而定。 ③陀螺导线点颜色自定。 ④经纬仪导线点一律注测点下(上)底板高程，取小数点后一位(特殊需要可注二位)。 ⑤水准基点高程注记取小数点后三位。 ⑥1:5000图上一律不表示测点内容。

序号	图例编号	说　明
2	5	①地面高程注记用红色,取小数点后二位。 ②进风红色箭头长度自定,可为5mm左右,箭头垂直,正对井筒符号中心,且紧抵符号外缘。 ③井筒符号内阴影部分界线应与水平面呈45°。 ④出风箭头规格同进风箭头。
3	6～7	高程注记一律用黑色,不绘进出风箭头。
4	8	①地面高程注记用红色。 ②斜井符号,其宽度画法与一般巷道相同,宽度＞4m时,按实际比例的宽度画;宽度＜4m时,1/2000图上取2mm。 ③坡度符号,平行于井巷线的方向,表示为 ——▶,箭头长度及其他与斜井线间距自定。 ④变坡符号为 ⌐▶,箭头拐弯处小横线从变坡点处画出,箭头规格自定。 ⑤通地面的斜井要画进、出风符号。 ⑥斜井符号井筒部分依煤岩别,用不同的颜色绘制,如在半煤岩中,视煤岩比例而定。 ⑦ ⌐▭ 是暗斜井符号。
5	9	①煤仓符号尺寸取法同斜井,1/15000图上按一般巷道绘制,不表示仓口,圆的直径与巷道宽度相同。 ②坡度及变坡符号画法同斜井。 ③煤仓仓口高程属井下巷道,注记一律用黑色。
6	10	①平硐开口朝实际方向。 ②平硐口符号后面的巷道宽度取法同斜井。 ③名称注记在开口处。如 ⊥ ④应绘制进、出风符号,画法如下图所示。 ⑤阴影线方向按右图取拉。
7	11	报废井筒。注明原用途,不画进、出风符号。

序号	图例编号	说　明
8	12～13	①在地形图、工业广场平面图上用本符号,在井巷工程为主的图上(如采掘工程平面图、井上下对照图等),应按生产矿井(或报废矿井)的符号绘制,且应尽量把其巷道画在图上。 ②小窑符号的尺寸各局自定,可取正规矿井符号的 $\frac{2}{3}$。
9	14～15	①1/2000图上巷道符号的线划粗细,可放宽至0.2～0.3mm。 ②巷道符号的宽度,是指二条线的"中心线"之间的距离。 ③1/1500图上,可分主要和次要巷道,主要巷道线划粗0.5mm,次要巷道线划粗0.3mm。 ④煤层倾角＞45°时,应加绘立面投影图。
	16	①般坡度大于70%时为倾斜巷道,亦可根据情况自定。1/1500图也要表示坡度。 ②度一律表示"下坡度",不表示"上坡度"。 ③变坡点时,坡度一律用↓表示,在变坡点处用↓表示。
10	17	①巷道错开时,用本符号表示,巷道重合时,只表示上部巷道。 ②1/1500图上只画上一层的巷道,不表示分层巷道。 ③人工分层超过3层时,分组绘制采掘工程平面图,每组分层数不得大于3层。
11	18	1/15000图上用单虚线及水仓岩性的颜色表示。
12	21	①该符号用于采掘工程平面图或主要巷道平面图,一律不画轨道符号。 ②1/1200图上医疗站□及吸水井○应为岩巷颜色,应依其煤岩别而定。 ③1/1200图上二号井左侧煤仓符号应注"溜煤"二字,二号井地面高程注记为红色。 ④1/500图上水仓用单虚线表示,颜色依水仓煤岩别而定。
13	22	①颜色名称标注为:　1、6粉红 　　　　　　　　　2、7浅绿 　　　　　　　　　3、8橘黄 　　　　　　　　　4、9浅蓝 　　　　　　　　　5、0浅紫 ②色框宽度自定,以美观、协调为原则。

序号	图例编号	说　　明
14	23～24	①23图中"轨道"上山应是"回风"上山。 ②底板标高一律取小数点后一位。 ③2152工作面编号应为书版正体字。 ④主要巷道不注月末工作面位置。 ⑤23号图工作面右下角的数字注记是平均采高,整幅图左下角○符号为溜煤眼。 ⑥底板处应加绘点位。 ⑦24号图中人工分层巷道应为黑色,且下分层巷道应分别以＝:＝:＝和＝＝＝符号表。 ⑧24号图中应增加煤层柱状厚度注记和分层采厚及注记。 ⑨24号图中回采年度数字不应用颜色表示。
15	25～26	①加绘工作面编号、煤层倾角、采厚及煤厚小柱状。 ②26号图是急倾斜、倾斜分层,工作面图示中细线条是用单线表示的分阶段巷道和下料、行人"立眼"。
16	27～30	①符号用于专用的支护图,在采掘工程图上不表示。 ②巷道线划的粗细为0.2～0.3mm。 ③虚线(点)间隔自定。
17	31	①除专用支护图外,此符号还用于井筒断面图和井底车场图,其他图上一律不用。 ②双线间隙,1/2000图为1mm。 ③双线间可不涂颜色。
18	32～45	①"防火门"也用"永久风门"符号。 ②符号33、34中竖线为红色。 ③井下测风站符号 ⊟ 中的 ⊢ 用红色。用于专业通风系统图,一般采掘工程平面图上不画。 ④符号41,多大范围的井下冒顶区必须画,由各单位自定。 ⑤符号44防火密闭墙处的巷道应连接起来。

序号	图例编号	说　明
19	46～55	①符号规定的尺寸适用于1/2000图。1/5000图上符号尺寸适当缩小。 ②以断层为边界时,要加绘相应的边界符号(断层不是边界线,不能取"共线")。 ③"煤田边界"的长线可缩短为20～30mm。 ④"采区边界"线划粗0.5mm,长15～25mm。 ⑤保安煤柱和地面受保护边界符号为 煤矿占地边界符号为
20	56～116	①地层年代色相,参照《煤田地质标准图例》所示的色标执行。 ②群、阶代号(109—116)外文字母排列,参照《煤田地质标准图例》执行。
21	121～134	①所有比例尺图,均按《图例》规定的尺寸绘制。 ②126中的(2)为岩层节理符号。 ③标志层连线也用符号134表示。
22	135～281	①符号尺寸大小,线划粗细根据图的情况自定。 ②绘制柱状图时,可适当把薄层扩大,并按实际尺寸注记。 ③未纳入的符号,执行《煤田地质标准图例》。
23	282～292	①符号尺寸用于1/2000图,也适用于1/5000图。一般情况下符号尺寸不应再缩小。 ②1/500和1/1000图中,设计钻孔的尺寸参照其他钻孔执行。 ③这些符号在地质、测量、水文地质图上通用。 ④地面、井下钻孔都画作◎,井下钻孔高程注黑字。 ⑤斜孔符号中的"小圆圈或小黑点",为钻孔在煤层或推断煤层层位内位置的平面投影。
24	293～295	符号仅用于剖面图,1:5000图上符号尺寸可缩小。

（序号19说明⑤中）
保安煤柱和地面受保护边界符号为
$\phi1.0\,mm$
0.3 mm
红色

煤矿占地边界符号为
0.3 mm
橘黄色

序号	图例编号	说　　明
25	296	①煤层结构特别复杂时,可注累计可采总煤厚及累计夹石总厚。 ②注记亦可按下图标注,符号尺寸自定。 $$\overline{}\begin{array}{c}50\\65\end{array}\qquad\begin{array}{c}1.0\\2.1\end{array}\overline{}$$
26	300	在专用图上表示,按实际巷道及见煤情况绘制。
27	301～318	①钻孔符号直径尺寸町根据比例尺加以变通。 ②符号上方及左侧注记均按符号301的注记要求。 ③符号302右侧注记为 $\dfrac{含水层位、水位高程(m)、水柱高度(m)}{单位涌水量(L/s \cdot m)、渗透系数(m/d)}$。 ④符号303右侧注记为 $\dfrac{含水层位、水位高程(m)、水柱高度(m)}{孔中漏失量(L/min)、漏失深度(m)、漏水时间}$。 ⑤符号306群孔抽水观测孔,图中小旗为红框白心、尺寸缩小,如下图所示。 $3.0\,\text{mm}\quad 1.5\,\text{mm}$ ⑥符号307右侧注记为 $\dfrac{疏降层位、原始水位高程(m)}{疏水量(m^3/h)、疏降高程(m)}$。 ⑦符号309右侧注记为 $\dfrac{含水层名称、高程(底面)}{涌水量(m^3/h)}$,一般只注影响最大的含水层。 ⑧符号310右侧注记为 $\dfrac{注水层位、注水段起止深度(m)}{单位涌水量(L/s \cdot m)}$,单位可以根据情况自定。 ⑨符号317见岩溶钻孔符号应为蓝色,右侧注记为 $\dfrac{岩溶顶面高程(m)}{岩溶层位}$。 ⑩符号318右测注记放水量,单位应为 m^3/h。

序号	图例编号	说　明
28	323～325	①符号尺寸适用于任何比例尺。 ②符号323右侧注记为 $\dfrac{漏水层位、起止深度（m）}{涌水量（m^3/h）}$。 ③符号324右侧注记为 $\dfrac{涌水层位}{涌水量（m^3/h）}$。 ④符号325的说明： 　　a.箭头表示钻孔的朝向。 　　b.箭头长度(钻孔投影长度)自定。 　　c.为钻孔倾角,向上为"＋",向下为"－"。
29	354～373	①符号适用于地形地质图、基岩地质图、综合水文地质图。 ②符号尺寸适用于1/2000—1/10000的各种比例尺的地质图。绘制时可根据图幅、图面、比例尺等因素自定。
30	374～385	①用于地形地质图、基岩地质图、水文地质图、构造纲要图。 ②符号尺寸适用于各种比例尺,线划粗细可适当缩小。 ③符号374在图上每隔100mm左右绘出构造产状要素。 ④符号380箭头长度为10mm。
31	387	隐伏断层,断层线划长为10mm。
32	389～392	①适用于采掘工程平面图、煤层底板等高线图及储量计算图。 ②线划允许适当加粗。
33	393	断层编号注记及注记位置等,根据图面388符号说明的内容自己确定。
34	396	线划长为20mm,箭头长10mm。
35	400	①符号内小柱状注记残留煤厚。 ②符号边缘线为黑色,内点为黄色只绘在边缘线内,如下图所示。
36	401	岩浆侵入体,侵入范围用红线圈绘,其内按侵入体岩性符号(颜色)填绘。

序号	图例编号	说　明
37	402	包裹体内画实际岩性符号。
38	403~404	煤层露头指煤层顶板到底板宽度在平面上的投影。
39	405	①(1)(2)之间为风化带,斜线须画满。 ②(2)(3)之间为氧化带,如风氧化带分不清,可以风化带符号绘之。 ③(1)为煤层底板露头线,宽度可取0.3~0.5mm。
40	408	$\dfrac{QM}{SM}$是指$\dfrac{气煤}{烟煤}$。
41	410	①数据写不下时,符号可放大。 ②根据数字多少,2与4、5的位置可调换。 ③储量单位一律用万t。
42	411	在蓝图上用颜色表示储量级别。
43	412	①应用于采掘工程平面图、煤层底板等高线图及储量计算图。 ②小柱状宽度可为3mm。 ③垂直比例尺自定。 ④注记要求,右侧注煤层厚度,左侧注夹石厚度。 ⑤工作面内只画一个小柱状,工作面过大或煤厚变化大时,视情况也可画两个。
44	413	①一般用于煤质图上,采掘工程图上只画大采样点(全矿性的)。 ②应注记编号。 ③注记为 A,$G_{R\cdot I}$,V_{daf},如无$G_{R\cdot I}$值,可注记胶质层最大厚度。
45	414	①用于地质平面图。 ②剖面线的注记应与勘探报告的注记一致。 ③线划粗细,注记字体及大小可自定。
46	417~421	①用于储量计算图和采掘工程平面图,符号421只用于储量计算图。 ②可用色框表示,也可用大面积着色或以图例方式(本色斜线)表示。 ③如符号内空面积小注记注不下,则可注在符号外。 ④符号417中A^g应为A_d。

序号	图例编号	说　明
47	422～439	①符号尺寸适用于各种比例尺的图,不同比例尺可适当变通。 ②符号右侧观测数据注记可列表表示,如有专门台账,亦可不注。 ③符号422～425右侧注记为 $\dfrac{流量(m^3/h)、水温(℃)}{观测日期}$ 。 ④符号426～428右侧注记为 $\dfrac{流量(m^3/h)、水温(℃)}{矿化度(g/L)、观测日期}$ 。 ⑤符号430～134注记同422～425。 ⑥符号430流量取正常、最大或最小值,视需要而定,但要说明。 ⑦符号436井口尺寸为 ╫═ $\dfrac{3}{1}$ mm 表示矿区水源井和抽水井时,应注井号。 ⑧符号436注记为 $\dfrac{井口高程(m)}{水面高程(m)、水深(m)}$ 观测时间。 ⑨符号437—439井口尺寸为 ╫═ $\dfrac{3}{1}$ mm,流量注记应说明是最大流量还是最小流量。 ⑩符号438右侧注记 $\dfrac{抽水层位、厚度(m)、水位高程(m)}{开采水量(m^3/h)、观测日期}$,若是正式抽水井,则右侧注记同304抽水孔。 　（前期用水量） ⑪422—439右侧注记流量单位可自定。
48	440～443	①同符号422～439说明的①、②项。 ②符号440～442左侧注记站号,右侧注记 $\dfrac{最大流量(m^3/s)、最小流量(m^3/s)}{日期\qquad 日期}$ 。 ③符号要正向画在河流上边线上方或右边线右侧,如下图所示。

序号	图例编号	说　明
49	444～474	①符号尺寸适用于各种比例尺的图,未标明尺寸的,可视比例尺不同适当变通。 ②符号444中小红圆圈○为观测点,应注上编号及 $\dfrac{最高洪水位高程（m）}{观测时间}$,其位置应在被淹的一侧。 ③符号449基岩等高线,线划粗为0.2mm。 ④符号453地下水流向,箭头总长4mm,线划粗0.2mm,箭头和箭杆长度的比例自定。 ⑤符号462加注:编号 $\dfrac{平均水深（m）、面积（m^2）}{积水量（m^3）}$。一般应注在滞洪区内,如滞洪区面积小,亦可注在区外。 ⑥符号466左侧注编号或小井名称,右侧注 $\dfrac{积水量（m^3）、水位高程（m）}{积水下限高程（m）、观测日期}$。 ⑦符号472～474宽度自定。
50	482	左侧注边号,右侧注 $\dfrac{水质类型}{取样时间}$。
51	483	左侧注编号,右侧注记细菌总数(个/mL)、大肠杆菌数(个/mL)及化验日期。
52	484～489	①单位涌水量数字标注在每个区的下边界上侧。 ②富水性的划分依据,按照《矿井水文地质规程》及《煤田地质标准图例》的规定执行。 　　即：符号484　$q>10\text{L/s·m}$ 　　　　符号485　$2\leqslant q<10\text{L/s·m}$ 　　　　符号486　$0.1\leqslant q<2\text{L/s·m}$ 　　　　符号487　$0.01\leqslant q<0.1\text{L/s·m}$ 　　　　符号488　$q<0.01\text{L/s·m}$
53	494～495	①盐水矿化度为10～50。 ②卤水矿化度为>50。
54	497	地下水气体成分说明中,1应为 CH_4。
55	498～503	①符号用于地面图,有水画蓝色,无水画黑色。 ②均按实际范围绘制。

序号	图例编号	说　　明
56	511	①涌水量单位可以用 m^3/min 表示。 ②观测站符号上加画一个3mm高的小红旗(红杆红旗)。 ③左侧注记编号,右侧注 $\dfrac{开始观测最大涌水量(m^3/h)}{观测日期}$ 、 $\dfrac{结束观测最大涌水量}{观测日期}$ 。 ④符号朝上面,用箭头指示观测站位置。
57	512	①符号面向掘进前方,画在巷道上方或右侧。 ②左侧注记 $\dfrac{编号}{涌水地区代号、高程(m)}$,右侧注记同符号511。
58	513~514	①注记同511。 ②513符号为蓝色,注记同512。 顶　　　　底　　　　　　帮
59	515	左侧注记编号,右侧注记 $\dfrac{透流沙量(m^3)}{透流沙起止时间}$ 。
60	516	①本符号只在充水图上表示。 ②淋水符号的间距自定。 ③用巷道断面符号表示: 或 ④断面符号尺寸自定,用箭头指出淋水地段。 ⑤符号画在淋水的一侧(顶板一侧),如顶板在投影上方,可自定。

序号	图例编号	说　明
61	517	①一般用于充水性图。若是长期稳定的积水区,应在采掘工程平面图上表示。 ②积水区内注记编号(或名称)$\dfrac{\text{积水量}(m^3)}{\text{积水下限高程}(m)、\text{水柱高度}(m)}$。 ③积水区面积较小注不下时,可注记在外面,并用箭头指示清楚。如积水已排干,可在原积水区范围用红色画一个或多个×。
62	518~520	符号518、520与55性质类似,用法不同。 ①符号55是各种保护煤柱线通用之符号,518是临时性警戒线符号,可以移动、改变,危险区处理后还可以取消。而520是特定断层防水煤柱线符号。 ②如三者是一条线,或者其中二者重复,可根据需要绘重要的一条,一般不必考虑绘制518符号。 ③在断层防水煤柱下边缘线外侧,需注批准文号和时间。
63	521~523	①符号521、523只用于井底车场平面图或专业图,且按密集符号处理。 ②符号522用于矿井充水性图或防治水系统图,井底车场图上用否自定。 ③符号522表示某一个泵房总的排水能力,不是指单个水泵,也不是全矿井(或某水平)的排水能力。 ④符号523小圆圈的颜色应根据吸水小井煤岩不同而定,内涂浅蓝色。 ⑤排水管路箭头间距可适当加宽至20~40mm。
64	532	露天滑坡在断面上应表示为台阶状,如下图所示。
65	539	注记同符号462。
66	540	注记用16K宋体。
67	562~570	①注记字体原则上按规定执行。特殊情况下,字体大小、笔划粗细可略有变通,但要全局(或全矿)统一。 ②坐标注记用km或m均可,正格标准图幅需注在图纸内、外廓之间。自由分幅时,图幅较小者,可注在图的左边、下边;图幅较大者,需注在图的四周。

序号	图例编号	说　明
68	571～573	①自由分幅的图签必须绘在内框线以内,且图签的右、下两条线分别与内图框线重合。 ②三个图签中的"校对""校审""审校"一律统一为"审校"。 ③符号571是以采掘工程平面图为例,也适用于其他原图图种。 ④内、外图廓线间距为10mm。 ⑤符号573是以储量计算图为例,适用于交换图、地质报告中的图件等。 ⑥绘图日期是指坐标格网完成之日。
69	574	指北针在形状不变的情况下,可视图幅的大小适当放大或缩小。
70	补充符号	
	1	井下轨道　＿＿＿＿0.5mm黑线,用于井底车场平面图。
	2	含水层疏干线 1.5 mm　2 mm　8 mm　0.3 mm
	3	露天矿排土(矸)场边界 10 mm　×　×　1.0 mm
	4	小窑边界同大矿边界,尺寸缩小,如 20 mm　＋　3 mm　5 mm　＋　0.6 mm
	5	煤层尖灭可采边界线 0.6(0.5～0.6) mm　0.4 mm　13.0 mm　2.0 mm
	6	界桩 1 mm　1 mm　界—2
	7	报废巷道　×　×　×　×　为红色。